高职高专"十二五"规划教材

U0379160

基于项目化的钳工基础实训

王德洪　主　编

乔建生　副主编

何成才　主　审

西安电子科技大学出版社

内 容 简 介

　　本书以钳工操作过程为主线，以图表为主要编写形式，大量采用立体实物图，文字简明扼要，便于教学和实训。本书主要实训内容有：认识钳工，平面划线和立体划线，锯削工件，錾削工件，锉削工件，钻孔、扩孔、锪孔和铰孔，攻丝和套丝，以及综合训练等。

　　本书可作为职业技术学院和各类中职学校铁道车辆检修技术、高速动车组检修技术、模具制造技术、机电设备安装与维修、数控技术、机械加工技术、机械制造技术、汽车运用与维修、汽车制造与维修等专业的钳工实训教材，也可供钳工上岗培训使用。

图书在版编目（CIP）数据

基于项目化的钳工基础实训/王德洪主编. —西安：西安电子科技大学出版社，2013.8(2018.2 重印)
高职高专"十二五"规划教材
ISBN 978-7-5606-3134-9

Ⅰ. ① 基…　Ⅱ. ① 王…　Ⅲ. ① 钳工—高等职业教育—教材　Ⅳ. ① TG9

中国版本图书馆 CIP 数据核字(2013)第 174041 号

策　　划　罗建锋
责任编辑　马武装　罗建锋
出版发行　西安电子科技大学出版社(西安市太白南路 2 号)
电　　话　(029)88242885　88201467　　　邮　　编　710071
网　　址　www.xduph.com　　　　　　　电子邮箱　xdupfxb001@163.com
经　　销　新华书店
印刷单位　陕西天意印务有限责任公司
版　　次　2013 年 8 月第 1 版　　2018 年 2 月第 3 次印刷
开　　本　787 毫米×960 毫米　1/16　印　张　8
字　　数　157 千字
印　　数　3301～5300 册
定　　价　18.00 元

ISBN 978-7-5606-3134-9/TG

XDUP 3426001-3

如有印装问题可调换

本社图书封面为激光防伪覆膜，谨防盗版。

前　　言

钳工操作是铁道车辆检修技术、高速动车组检修技术、模具制造技术、机电设备安装与维修、数控技术、机械加工技术、机械制造技术、汽车运用与维修、汽车制造与维修等专业学生必备的基本功。

本书以钳工操作基本功为主线，以图表为主要编写形式，大量采用了立体实物图，文字简明扼要，便于教学和实训。本书共有 8 个钳工项目，各任课教师可根据具体情况安排教学的顺序和课时数。教学建议学时参见下表。

序　号	实 训 名 称	建议学时
项目一	认识钳工	4
项目二	平面划线和立体划线	4
项目三	锯削工件	2
项目四	錾削工件	4
项目五	锉削工件	4
项目六	钻孔、扩孔、锪孔和铰孔	8
项目七	攻丝和套丝	4
项目八	综合训练	60
总　计		90

本书由武汉铁路职业技术学院王德洪主编(编写项目四至项目八)，乔建生任副主编(编写项目一至项目三)。

由于作者水平有限，书中不足之处在所难免，敬请读者和专家指正。

编　者
2013 年 3 月

前　言

目　　录

项目一

认识钳工

项目情境

钳工是使用各种手工工具和一些简单的机动工具或机电设备(如钻床、砂轮机等)完成目前采用机械加工方法不太适宜或还不能完成的工作的工种。

项目学习目标

	学习目标	学习方式	学时
技能目标	① 掌握用钢直尺测量工件的步骤和方法 ② 学会用游标卡尺测量工件的步骤和方法 ③ 掌握用千分尺测量工件的步骤和方法	教师讲解演示 学生实际操作 教师现场指导	4 课时
知识目标	① 了解钳工的主要任务和分类 ② 了解钳工常用的设备 ③ 掌握钳工安全操作规程	教师讲授理论 现场演示操作	
情感目标	激发学生学习兴趣,培养团队协作意识,使学生养成守时、守纪的好习惯,培养学生善于思考、严谨求实、务实创新的精神	在情境中激发 培养学生兴趣	

项目任务分析

本项目通过 3 个任务来认识钳工工作的任务、工作场地和设备，并练习使用钳工常用测量工具。

本项目通过教师在现场边讲解边演示，同时学生实际操作来达到实训目的。

项目基本功

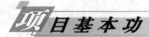

任务一 钳工工作的任务

基 本 知 识

钳工的主要任务是对产品进行零件加工、装配和对机电设备中机械部分进行维护和修理。各种机电设备都是由许多不同的零件通过装配组合而成的，机电设备机械部分的各零件被加工完成后，需要由钳工进行装配。在装配过程中，一些零件往往还需由钳工进行钻孔、攻丝、配键等补充加工后才能进行装配，甚至有些精度不高的零件，经过钳工的仔细修配，才能达到较高的精度。另外，机电设备机械部分使用一段时间以后，也会出现这样或那样的故障，要消除这些故障，也必须由钳工进行修理。当然，精密的量具、样板、模具等的制造也离不开钳工。

钳工操作大多是用手工方法并经常要在台虎钳上进行。现代钳工的专业化分工越来越细，可分为普通钳工、机修钳工、工具钳工等。

普通钳工指使用钳工工具、钻床等简单设备，按技术要求对工件进行加工、修整的工种。

机修钳工指使用钳工工具、量具及辅助设备，对各种设备的机械部分进行维护和修理的工种。

工具钳工主要是指使用钳工工具、钻床等设备，对刃具、量具、模具、夹具、索具、辅具等(统称工具，亦称工艺装备)的零件进行加工和修整、组合装配、调试与修理的工种。

尽管分工不同，但钳工操作一般均包括辅助性操作、切削性操作、装配性操作和维修性操作等。

一、辅助性操作

辅助性操作主要指划线，划线是根据需要加工零件的图样的要求，在毛坯或半成品表面上准确地划出加工界线的一种钳工操作技能。划线的作用主要有两个：一是后序的给加工工作以明确的标志和依据，便于工件在加工时的找正和定位；二是检查毛坯或半成品尺寸，并通过划线借料得到补救，合理分配加工余量。划线分为平面划线和立体划线两种。

二、切削性操作

切削性操作包括锯削、錾削、锉削、钻孔、扩孔、锪孔、铰孔、攻丝、套丝、刮削等。

1. 锯削

锯削是利用手锯对较小材料或工件进行切断或切槽等的加工方法。它具有方便、简单和灵活的特点，在单件小批生产、临时工地以及切割异形工件、开槽、修整等场合应用较广。

2. 錾削

錾削是用手锤打击錾子对工件进行切削加工的一种方法。它主要用于不便于机械加工的场合，如清除毛坯件表面多余金属、分割材料、錾油槽等，有时也用作较小平面的粗加工。

3. 锉削

锉削是用锉刀对工件进行切削加工的方法。锉削加工简便，工作范围广，可对工件上的平面、曲面、内外圆弧、沟槽以及其他复杂表面进行加工。锉削的最高精度可达 IT8～IT7，表面粗糙度 $R_a = 1.6～0.8 \, \mu m$。锉削可用于成形样板，也可对模具型腔以及部件和机器装配时的工件进行修整，是钳工主要操作方法之一。

4. 钻孔、扩孔、锪孔和铰孔

钻孔是用钻头在工件上加工出孔的粗加工孔方法。钻孔加工精度一般在 IT10 级以下，表面粗糙度 R_a 为 $12.5 \, \mu m$ 左右，广泛用于各类工件孔的加工。

扩孔是用扩孔钻或麻花钻对已加工出的孔(铸出、锻出或钻出的孔)进行扩大加工的一种方法。它可以校正孔的轴线偏差，并使其获得正确的几何形状和较小的表面粗糙度，其加工精度一般为 IT10～IT9 级，表面粗糙度 $R_a = 3.2～6.3 \, \mu m$。扩孔的加工余量一般为 $0.2～4 \, mm$。

锪孔是用锪钻或改制的钻头将孔口表面加工成一定形状的孔和平面的加工方法。

铰孔是用铰刀从已经过粗加工的孔壁上切除微量金属层，对孔进行精加工，以提高孔的尺寸精度和表面质量的加工方法。铰孔是应用较普遍的孔的精加工方法之一，其加工精度可达 IT9～IT7 级，表面粗糙度 $R_a = 0.8～3.2 \, \mu m$。

5. 攻丝和套丝

攻丝(或称攻螺纹)是利用丝锥在已加工出的孔的内圆柱面上加工出内螺纹的一种加工内螺纹的方法，广泛用于钳工装配中。

套丝(或称套螺纹)是钳工利用板牙在圆柱杆上加工外螺纹的一种加工螺纹的方法。

6. 刮削

刮削是利用刮刀在有相对运动的配合表面刮去一层很薄金属,从而达到要求精度的操作方法。刮削时刮刀对工件既有切削作用,又有压光作用,它是一种精加工的方法。

通过刮削后的工件表面,不仅能获得很高的形位精度、尺寸精度、传动精度和接触精度,而且能使工件的表面组织紧密、表面粗糙度变小,还能形成比较均匀的微浅坑,创造良好的存油条件,减少摩擦阻力。所以刮削常用于对零件上互相配合的重要滑动面(如机床导轨面、滑动轴承等)进行加工,并且在机械制造、工具、量具制造及修理中占有重要地位。

三、装配性操作

装配是将若干个合格的零件按规定的技术要求结合成部件,或将若干个零件和部件组合成机器设备,并使其经过调整、试验等成为合格产品的工艺过程。装配是机器制造中的最后一道工序,因此它是保证机器达到各项技术要求的关键。装配工作的好坏,对产品的质量起着至关重要的作用。拆卸是装配的逆过程,是将整机分解成部件、零件的方法。

四、维修性操作

维修是维护和修理的总称。

维护是为防止设备性能劣化或降低设备失效的概率,按事先规定的计划或相应技术条件的规定进行的技术管理措施。

修理是指机电设备机械部分出现故障或技术状况劣化到某一临界状态时,由钳工对机械部分进行修复、调整,使机电设备机械部分或零件恢复其规定的技术性能和完好的工作状态所进行的一切活动。由于修理往往以机电设备机械部分的检查结果作为依据,而在工作中又与检查相结合,因此修理又称检修。

任务二 钳工工作的场地及设备

基 本 知 识

一、钳工工作场地

钳工工作场地由钳工工位区、划线区、台钻区、刀具刃磨区等构成,各区域由黄线分隔开，各区域之间留有安全通道，如图 1-1 所示。

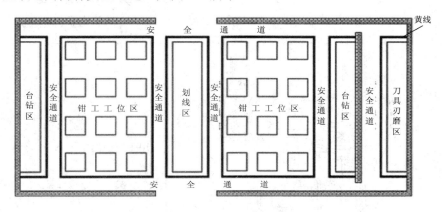

图 1-1 钳工工作场地平面图

二、钳工常用的设备

表 1-1 中列出了钳工常用设备的名称、图示及其说明。

表 1-1 钳工常用的设备

序号	名称	设备图示	说明
1	钳桌	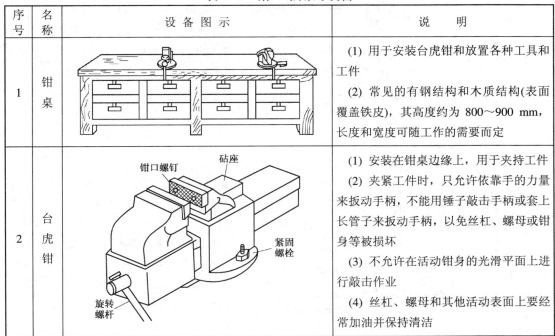	(1) 用于安装台虎钳和放置各种工具和工件 (2) 常见的有钢结构和木质结构(表面覆盖铁皮)，其高度约为 800～900 mm，长度和宽度可随工作的需要而定
2	台虎钳		(1) 安装在钳桌边缘上，用于夹持工件 (2) 夹紧工件时，只允许依靠手的力量来扳动手柄，不能用锤子敲击手柄或套上长管子来扳动手柄，以免丝杠、螺母或钳身等被损坏 (3) 不允许在活动钳身的光滑平面上进行敲击作业 (4) 丝杠、螺母和其他活动表面上要经常加油并保持清洁

序号	名称	设备图示	说明
3	砂轮机	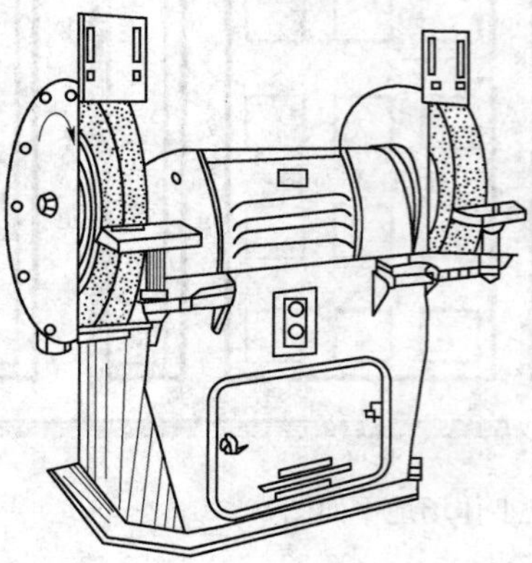	用于刃磨钳工工具
4	台式钻床	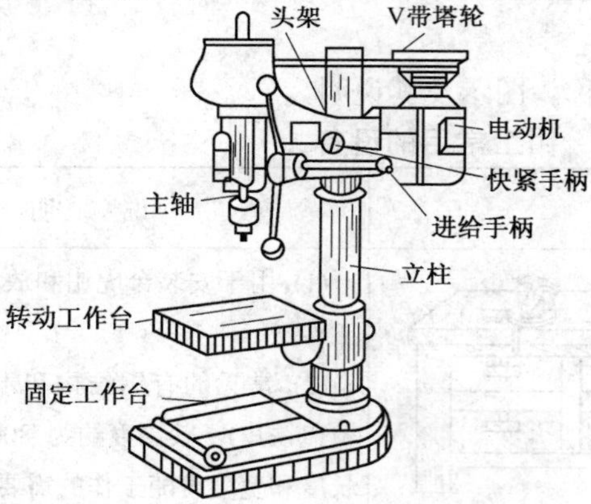	简称台钻，主要用于加工小型工件上的各种小孔（$d \leqslant 12$ mm）。钻孔时只要拨动进给手柄使主轴上下移动，就可实现进给和退刀
	摇臂钻床	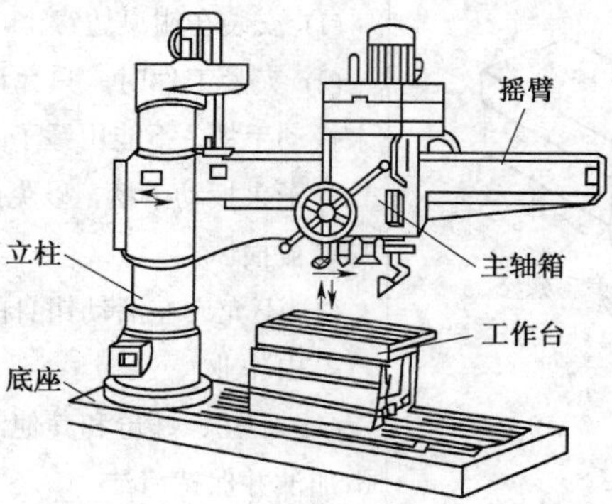	钻床上有一个能绕立柱旋转的摇臂，摇臂带着主轴箱可沿立柱垂直移动，同时主轴箱还能在摇臂上作横向移动。因此操作时能很方便地调整刀具的位置，以对准被加工孔的中心，而不需移动工件来进行加工。摇臂钻床适用于一些笨重的大工件以及多孔工件的孔加工

三、钳工安全操作规程

安全操作是每位员工必须遵守的第一要点，钳工的安全操作规程如下：

(1) 虎钳必须用螺栓稳固在钳工桌上，当夹紧工件时，工件应夹在钳口的中心，不得用力施加猛力。

加紧手柄不得用锤或其他物件击打，不得在手柄上加套管或用脚蹬，并应经常检查和复紧工件。所夹工件不得超过钳口最大行程的 2/3。

(2) 在同一工作台两边的虎钳上凿、铲加工物件时，中间必须设置防护网，单面工作台要一面靠墙放置。

(3) 使用手锤、大锤时严禁戴手套，手和锤柄均不得有油污。甩锤方向附近不得有人停留。

(4) 锤柄应采用胡桃木、檀木或蜡木等制成，不得有虫蛀、节疤、裂纹。锤的端头内要用楔铁楔牢，使用中应经常检查，发现木柄有裂纹必须立即更换。

(5) 使用锉刀、刮刀、錾子、扁铲等工具时不得用力过猛；錾子或扁铲有卷边毛刺或有裂纹缺陷时必须磨掉。凿削时，凿子、錾子或扁铲不宜握得过紧，操作中凿削方向不得有人。

(6) 使用钢锯锯削工件时，工件应加紧，用力要均匀。工件将被锯断时，要用手或支架托住。

(7) 使用喷灯烘烤机件时，应注意火焰的喷射方向。工作环境不得有易燃、易爆物品。

(8) 砂轮机必须安装钢板防护罩，操作砂轮机时严禁站在砂轮机的直径方向上，并应戴防护眼镜。

磨削工件时，应将工件缓慢接近砂轮机，不要猛烈碰撞，砂轮与磨架之间的间隙以 3 mm 为宜。不得在砂轮上磨铜、铅、铝、木材等软金属和非金属物件。砂轮磨损直径大于夹板 25 mm 时，必须更换砂轮，不得继续使用。更换砂轮时必须先切断电源，装好后要进行试运转，确认无误后方准使用。

(9) 操作钻床严禁戴手套，袖口应扎紧；长发必须戴工作帽，并将头发挽入帽内。对小型工件进行钻孔时，应使用平口钳或压板压住，严禁用手直接握持工件。

钻孔时产生的铁屑不得卷得过长，清除铁屑时应使用钩子或刷子，严禁用手直接清除。钻孔时还要选择适当的冷却剂冷却钻头。停电或离开钻床时必须切断电源，锁好箱门。

(10) 操作手电钻、风钻等钻具钻孔时，钻头与工件必须垂直，用力不宜过大，人体和手不得摆动；孔将被钻通时，应减小压力，以防钻头扭断。

(11) 使用扳手时，扳口尺寸应与螺帽尺寸相符，不得在扳手的开口中加垫片，应将扳手靠紧螺母或螺钉。

扳手在每次扳动前，应将活动钳口收紧，先用力扳一下，试其紧固程度，然后将身体靠在一个固定的支撑物上或双脚分开站稳，再用力扳动扳手。

高处作业时，应使用呆扳手或梅花扳手，如用活扳手必须将其用绳子拴牢，操作人员必须站在安全可靠位置，系好安全带。

使用套筒扳手时，将扳手套上螺母或螺钉后不得有晃动，并应把扳手放到底。螺母或螺钉上有毛刺时应进行处理，不得用手锤等物打击扳手。扳手不得加套管以接长手柄，不得使用扳手互拧，不得将扳手当手锤使用。

(12) 设备安装前要开箱检查，清点时必须清除箱顶上的灰尘、泥土及其他物件。拆除的箱板应及时清理并码放在指定地点。拆箱后，未正式安装的设备必须用垫物垫平、垫实、垫稳。

(13) 安装天车轨道和天车时，首先应会同有关人员检查用于安装的脚手架是否符合要求，合格后方准使用。

天车轨道和天车的操作人员应佩带工具袋，将随身携带的工具和零星材料放入工具袋内。不能随身携带工具袋时，可将工具和材料装入袋中，用绳索起吊运送，严禁上下抛掷递送。严禁在天车的轨道上行走或操作。

(14) 检查设备内部时，应使用安全行灯或手电筒照明，严禁使用明火取光照射。

(15) 设备往基础上搬运，尚未取放垫板时，手指应放在垫铁的两侧，严禁放在垫铁的上、下方。垫铁必须垫平、垫实、垫稳，对头重脚轻的设备、容易倾倒的设备，必须采取可靠的安全措施，垫实撑牢，并应设防护栏和标志牌。

(16) 拆卸的设备部件应放置平稳，装配时严禁把手插入连接面或用手探摸螺栓孔。

(17) 在吊车、倒链吊起的部件下检测、清洗、组装时，应将链子打结保险，并且用预先准备的道木或支架垫平、垫稳，确认安全无误后方可进行操作。

(18) 设备清洗、脱脂的场地必须通风良好，严禁烟火，并设置警示牌。煤油或汽油可用作清洗剂，如用热煤油，油温不得超过 40℃。不得用火焰直接对盛煤油的容器加热(中间必须用铁板隔开)，用热机油做清洗剂时，油温不得超过 120℃。清洗用过的棉纱、布头、油纸等要集中收集在金属容器内，不得随意乱扔。

(19) 设备安装试运转时，必须按照试运转的安全技术措施执行。有条件时，应先用人力盘动；无法用人力盘动的大设备，可使用机械，但必须确认无误后，方可加上动力源，从低速到高速，从轻载到满负荷，缓慢、谨慎地逐步进行，并应做好试运转的各项记录。在试运转前，应对安全防护装置做可靠试验。试运转区域应设置明显标志，非操作人员不得进入。

(20) 量具在使用时不能与工具或工件混放在一起，应放在量具盒上或放在专用的板架上。量具每天使用完毕后应擦拭干净，并放入专用盒中。

任务三　钳工常用测量工具的使用

基 本 技 能

一、任务引入

要求用钢直尺、游标卡尺、千分尺等常用量具测量工件。

二、任务实施

1. 用钢直尺测量工件

(1) 检查钢尺。

检查刻度、刻度端面和侧面有无缺陷及弯曲，并用棉纱把钢尺擦干净，如图 1-2 所示。

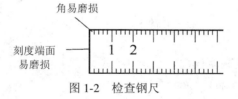

图 1-2　检查钢尺

(2) 安放钢尺。

① 测量薄板长度时，将 V 形铁或角铁的平面与工件端面靠紧，钢尺的刻线端与 V 形铁贴紧，如图 1-3 所示。

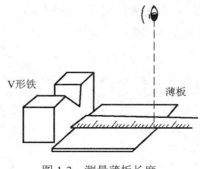

图 1-3　测量薄板长度

② 测量圆棒长度时，钢尺要与工件轴线平行，如图1-4所示。

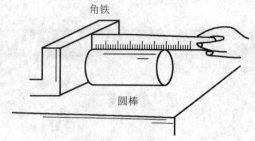

图1-4　测量圆棒长度

③ 测量高度时，将钢尺垂直于平台或平面上，如图1-5所示。

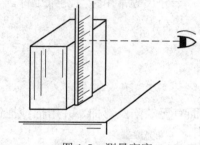

图1-5　测量高度

(3) 读数。

从刻度线的正面正视刻度读出，如图1-5所示。

2．用游标卡尺测量工件

(1) 检查游标尺(见图1-6)。

① 松开固定螺钉。

② 用棉纱将移动面与测量面擦干净，并检查有无缺陷。

③ 将两卡爪合拢，透光检查两测量面间有无缝隙。

④ 将两卡爪合拢后，检查两零刻度线是否对齐。

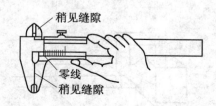

图1-6　检查游标尺

(2) 夹住工件。

① 将工件置于稳定状态。

② 左手拿主尺的卡爪，右手的大拇指、食指拿副尺卡爪。

③ 移动副尺卡爪，把两测量面张开至比被测量工件的尺寸稍大。

④ 主尺的测量面靠上被测工件，右手的大拇指推动副尺卡爪，使两测量面与被测工件贴合，如图 1-7 所示。

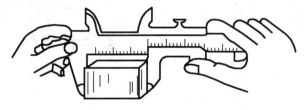

图 1-7　夹住工件

⑤ 对于小型工件，可以用左手拿着工件，右手操作副尺卡爪，如图 1-8 所示。

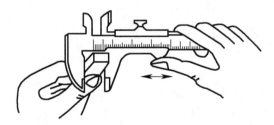

图 1-8　小型工件的夹持

(3) 读数。

① 夹住被测工件，从刻度线的正面正视刻度读取数值。

② 如果正视位置读数不便，可旋转固定螺钉后，将卡尺从工件上轻轻取下，再读取刻度值。

③ 读数方法如图 1-9 所示，先读出尺身上的整数尺寸，图示为 27 mm；再读出副尺上与主尺上对齐刻线处的小数，图示数为 0.5 mm；最后将 27 mm 与 0.5 mm 相加得 27.5 mm。

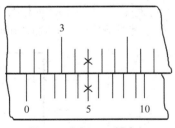

27 mm + 0.5 mm = 27.5 mm

图 1-9　读数方法

3. 用千分尺测量工件

(1) 检查千分尺。

① 松开止动锁。

② 用棉纱将测量面及移动面擦干净，并检查有无缺陷。

③ 将棘轮转动，检查测量杆转动的情况是否正常。

④ 棘轮转至打滑为止，使两测量面贴合，检查零线位置，如图 1-10(a)所示。

⑤ 对于 25～50 mm 以上千分尺，可将校对棒或量块夹在两测量面间进行检查，如图 1-10(b)所示。

(a)   (b)

图 1-10　检查千分尺

(2) 夹住工件。

① 将工件置于稳定状态。

② 左手拿住尺架，右手转动微分筒，使开度比被测量工件的尺寸稍大。

③ 将工件置于两测量面之间，使其与被测工件贴合。

④ 棘轮转至打滑为止。

(3) 读数。

① 夹住被测工件，从刻度线的正面正视刻度读取数值。

② 如不能直接读数，可固定止动锁(或称止动环)使测量杆固定好，将工件轻轻取下后再读取刻度值。

③ 读数方法如图 1-11 所示，先读出微分筒边缘在固定套管的多少尺寸后面，图示为 12 mm；再看微分筒上哪一格与固定套管上基准线对齐，图示为 0.04 mm；最后把两个读数相加即得到实测尺寸为 12.04 mm

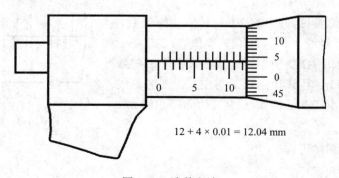

$12 + 4 \times 0.01 = 12.04$ mm

图 1-11　读数方法

基 本 知 识

常用钳工的测量工具如表 1-2 所示。

表 1-2　常用钳工的测量工具

序号	名称	图　　示	说　　明
1	钢直尺	〇 0 1 2 3 4 5 6 7 8 9 10 11	用于较准确的测量，由不锈钢制成，分为 150 mm、300 mm、500 mm 和 1000 mm 四种规格
2	游标卡尺	固定内量爪　活动内量爪　固定螺钉　尺框　尺身　深度尺　游标　操作手柄　固定外量爪　活动外量爪	(1) 用于直接测量零件的外径、内径、长度、宽度、深度和孔距等 (2) 常用的游标卡尺的测量范围有 0～125 mm、0～200 mm 和 0～300 mm 等三种规格 (3) 有 0.1 mm、0.05 mm 和 0.02 mm 三种精度等级
3	千分尺	砧座　螺杆　止动环　刻度内套管　套管　45　内螺纹　摩擦棘轮　松紧螺母　刻度外套管　弓架	用于精密测量外径，准确度可达 1/100 mm
4	外、内卡钳	(a) 外卡钳　　　(b) 内卡钳	(1) 外卡钳用于测量外圆 (2) 内卡钳用于测量内圆

项目评价

一、思考题

1. 简述钳工的主要任务和分类。
2. 简述切削性操作包括哪些。
3. 简述钳工工作场地和常用设备包括哪些。
4. 简述钳工安全操作规程。
5. 简述用钢直尺测量工件的步骤和方法。
6. 简述用游标卡尺测量工件的步骤和方法。
7. 简述用千分尺测量工件的步骤和方法。

二、技能训练

1. 练习用钢直尺测量工件。
2. 练习用游标卡尺测量工件。
3. 练习用千分尺测量工件。

三、技能训练中应注意的事项

1. 不可敲击量具。
2. 尽量不要用手接触量具的量面。
3. 不要把量具和加工工具混放在一起。
4. 测量完毕后，要将量具擦干净。

四、项目评价评分表

序号	考核内容	考核要求	配分	评分标准	检测结果	得分
1	实训态度	(1) 不迟到，不早退 (2) 实训态度应端正	10	(1) 迟到一次扣1分 (2) 旷课一次扣5分 (3) 实训态度不端正扣5分		

序号	考核内容	考核要求	配分	评分标准	检测结果	得分
2	安全文明生产	(1) 正确执行安全技术操作规程 (2) 工作场地应保持整洁 (3) 工件、工具摆放应保持整齐	6	(1) 造成重大事故,按0分处理 (2) 其余违规,每违反一项扣2分		
3	设备、工具、量具的使用	各种设备、工具、量具的使用应符合有关规定	4	(1) 造成重大事故,按0分处理 (2) 其余违规,每违反一项扣1分		
4	操作方法和步骤	操作方法和步骤必须符合要求	70	每违反一项扣1至5分		
5	技术要求	符合要求	10	超差不得分		
6	工时	2学时		每超时5分钟扣2分		
7	合　计					

项目二

平面划线和立体划线

项目情境

　　划线是根据需要加工图样的要求，在毛坯或半成品表面上准确地划出加工界线的一种钳工操作技能。划线的作用一是给加工以明确的标志和依据，便于工件在加工时的找正和定位；二是可检查毛坯或半成品尺寸，并通过划线借料得到补救，合理分配加工余量。划线分为平面划线和立体划线两种。

项目学习目标

	学 习 目 标	学 习 方 式	学 时
技能目标	① 掌握划直线和圆的方法 ② 学会平面划线方法 ③ 掌握立体划线方法	教师讲解演示 学生实际操作 教师现场指导	4 课时
知识目标	① 了解常用划线工具的作用和用法 ② 了解划线基准的确定方法	教师讲授理论 现场演示操作	
情感目标	激发学生学习兴趣，培养团队协作意识，使学生养成守时、守纪的好习惯，培养学生善于思考、严谨求实、务实创新的精神	在情境中激发培养学生兴趣	

本项目通过 4 个任务来实际训练划直线、划圆、平面划线和立体划线的方法。

本项目通过教师在现场边讲解边演示划直线、划圆、平面划线和立体划线方法，同时学生实际操作来达到实训目的。

项目基本功

任务一 划 直 线

基 本 技 能

一、任务引入

要求用划针和划针盘划直线。

二、任务实施

1. 用划针划直线。

(1) 用划针划纵直线。

① 在平板上划直线时，选好位置后，左手紧紧按住钢尺，如图 2-1 所示。

图 2-1　在平板上划直线

② 划线时，针尖要紧贴于钢直尺的直边或样板的曲边缘，上部向外侧倾斜 15°～20°，向划针运动方向倾斜 45°～75° (图 2-2(b))，划线力度一定要适当、一次划成，不要重复划同一线条。

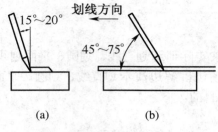

图 2-2　划线方向

③ 在圆柱形工件上划与轴线相平行的直线时，可用角钢来划，如图 2-3 所示。

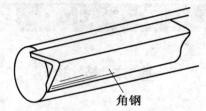

图 2-3　圆柱形工件上划与轴线相平行的直线

(2) 用划针划横直线。

① 选好位置后，角尺边紧紧靠住基准面，如图 2-4(a)所示。

② 左手紧紧按住钢尺，如图 2-4(b)所示。

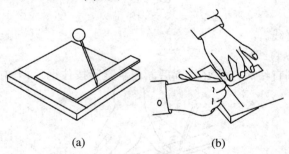

图 2-4　用划针划横直线

③ 划线时，从下向上划线，针尖要紧贴于钢直尺的直边或样板的曲边缘，上部向外侧倾斜 15°～20°，向划针运动方向倾斜 45°～75°(见图 2-2(b))，划线一定要力度适当、一次划成，不要重复划同一线条。

2. 用划针盘划直线。

(1) 取划线尺寸。

① 松开蝶形螺母，针尖稍向下对准并刚好触到钢尺的刻度。

② 用手旋紧蝶形螺母，然后用小锤轻轻敲击固紧，如图 2-5(a)所示。

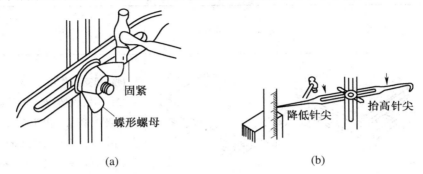

（a）　　　　　　　　　　　（b）

图 2-5　取划线尺寸

③ 进行微调时，使划针紧靠钢尺刻度，用左手紧紧按住划针盘底座，同时用小锤轻轻敲击，使划针的针尖正确地接触到刻线，再固紧蝶形螺母，如图 2-5(b)所示。

(2) 划线。

① 用左手握住工件以防工件移动，当工件较薄、刚性较差时，可添加 V 形块，并保持划线面与工作台垂直，见图 2-6(a)。

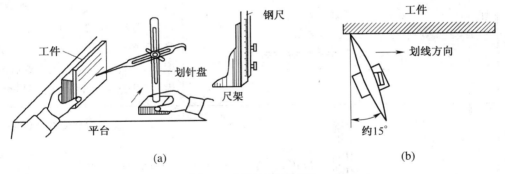

（a）　　　　　　　　　　　（b）

图 2-6　用划针盘划直线

② 用右手握住划针盘底座，把它放在工作台上，见图 2-6(a)。

③ 使划针向划线方向倾斜 15°，见图 2-6(b)。

④ 按划线方向移动划针盘，使针尖在工件表面划出清晰的直线。

基 本 知 识

常用划线工具如表 2-1 所示。

表 2-1　常用划线工具

序号	名称	图　示	说　明
1	划线钳桌	(a) 整体式　　(b) 组合式	(1) 起支撑作用 (2) 由铸铁铸成，其上表面是划线及检测的基准，由精刨或刮削而成。其高度多为 600～900 mm，安装平面度公差必须保证在 0.1 mm/1000 mm (3) 可分为整体式和组合式
2	划针	15°～20° (a) 划线方向 15°～20°　45°～75° (b)	(1) 用于划直线和曲线 (2) 可分为直划针和弯头划针 (3) 划线时针尖要紧贴于钢直尺的直边或样板的曲边缘，上部向外侧倾斜 15°～20°，向划线方向倾斜 45°～75°。划线一定要力度适当、一次划成，不要重复划同一线条。用钝了的划针可在砂轮或油石上磨锐后再使用，否则划出的线条过粗(不精确)
3	划线盘	紧固件 划针 立柱 盘座	(1) 用于进行立体划线和校正工件位置 (2) 夹紧螺母可将划针固定在立柱的任何位置上。划针的直头端用于划线，为了增加划线时的刚度，划针不宜伸出过长。划针的弯头端用于找正工件的位置 (3) 划线时划针应尽量处于水平位置，不要倾斜太大，双手扶持划线盘的底座，推动它在划针平板上平行移动进行划线

序号	名称	图　示	说　明
4	划线锤		(1) 用于在线条上打样冲眼 (2) 调整划线盘划针的升降
5	高度游标卡尺		(1) 用于精密划线与测量 (2) 不允许用于毛坯划线
6	游标卡尺	固定内量爪　活动内量爪 固定螺钉　尺框 游标　操作手柄　尺身　深度尺 固定外量爪　活动外量爪	(1) 用于直接测量零件的外径、内径、长度、宽度、深度和孔距等 (2) 常用的游标卡尺有 0～125 mm、0～200 mm 和 0～300 mm 等
7	V形块		用于在划线时支撑圆形工件的工具，一般用铸铁成对制成

任务二 划 圆

基 本 技 能

一、任务引入

要求划一直径为 10 mm 的圆。

二、任务实施

1. 检查圆规。
(1) 检查圆规是否有损坏。
(2) 检查圆规的脚尖是否有磨损，若有，应用油石磨尖。
2. 打样冲眼。
在找到的圆心处打样冲眼，如图 2-7 所示。

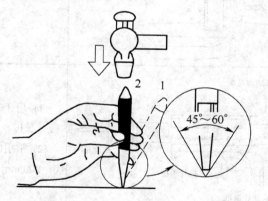

图 2-7　打样冲眼

3. 将划规张开至所需尺寸。
(1) 一只手握住钢尺，一只手拉开圆规脚，对准尺寸刻度。
(2) 划较大的圆时，将钢尺放在工作台上，用两只手张开圆规，再将圆规脚对准钢尺的尺寸。

(3) 划较小的圆时，先将圆规脚张开稍大些，再用手使规脚对准钢尺的尺寸。

(4) 微调时，可轻轻敲击圆规脚，使两脚对准钢尺的尺寸，如图 2-8 所示。

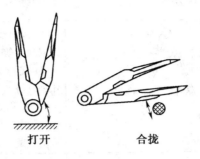

打开　　　　　　　　合拢

图 2-8　微调划规

4．划圆。

(1) 将圆规脚尖对准样冲眼，用一只手握住圆规的头部，如图 2-9 所示。

(2) 从左到右，大拇指用力，同时向走线方向稍加倾斜划圆。

(3) 变换大拇指接触圆规的位置，使圆规从另一方向划剩下的半个圆。

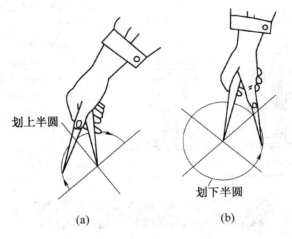

划上半圆

划下半圆

(a)　　　　　　　　　　(b)

图 2-9　划圆方法

基 本 知 识

划圆工具如表 2-2 所示。

表 2-2 划 圆 工 具

序号	名称	图 示	说 明
1	划规	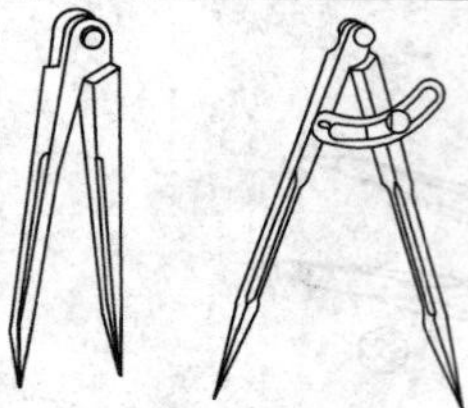 普通划规	(1) 用于划圆、圆弧、等分线段、角度及量取尺寸等 (2) 可分为普通划规、弹簧划规和大小尺寸划规等 (3) 使用划规时,掌心压住划规顶端,使划规尖扎入金属表面或样冲眼内。划圆周时常由划顺、逆两个半圆弧而成
2	样冲	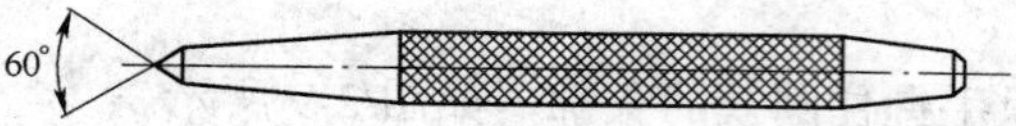 60°	(1) 用于在划好的线上冲眼 (2) 样冲多用工具钢自制而成,冲尖磨成45°～60°,并淬火,使硬度达到55～60HRC (3) 使用样冲时,样冲应先向外倾斜,以便对准线条中间,对准后再立直,用划线锤敲击即可,如果有偏离或歪斜必须立即重打
3	千斤顶	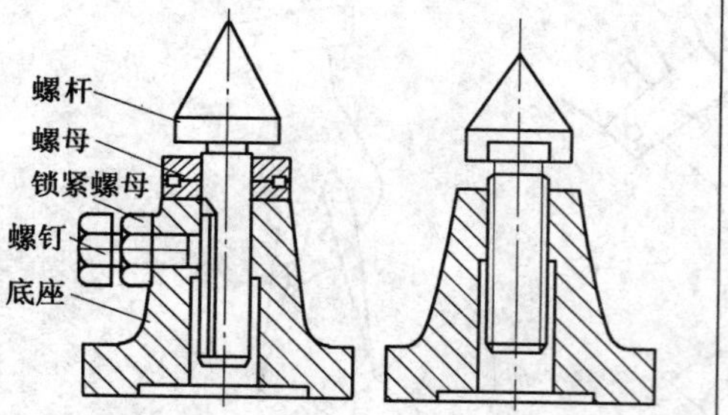 螺杆 螺母 锁紧螺母 螺钉 底座	(1) 用于支撑毛坯或不规则工件进行立体划线 (2) 使用千斤顶支撑工件时,一般要同时用三个千斤顶支撑在工件的下部,三个支撑点离工件重心应尽量远一些,三个支撑点所组成的三角形面积应尽量大一些,在工件较重的一端放两个千斤顶,较轻的一端放一个千斤顶,这样会比较稳定 (3) 带 V 形块的千斤顶是用于支撑圆柱面工件的

🔲 任务三 平面划线

基 本 技 能

一、任务引入

在錾削尺寸为 80 mm × 40 mm × 10 mm 的 45 钢钢板上划线,达到如图 2-20 所示的要求。

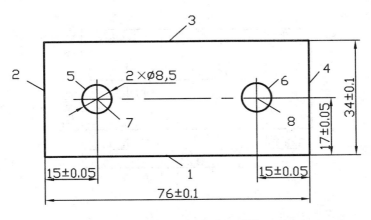

图 2-10　平面划线练习图样

二、任务实施

(1) 准备好各种划线时必需的划线钳桌、划针盘、划规、样冲、划线锤、角尺、三角板、白粉笔等。

(2) 清理毛坯。

(3) 用白粉笔将划线平面均匀涂成白色。

(4) 划 1、2、3、4 线，达到图 2-11 所示的要求。

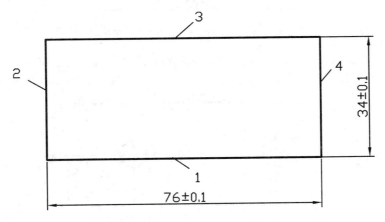

图 2-11　划 1、2、3、4 线

(5) 划基准线 9、10、11，达到图 2-12 所示的要求。

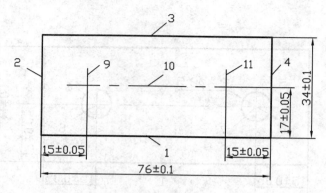

图 2-12　划基准线 9、10、11

(6) 在交点 7、8 处打样冲眼，如图 2-13 所示。

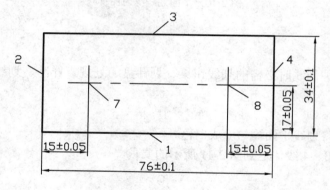

图 2-13　在交点 7、8 处打样冲眼

(7) 分别以交点 7、8 为圆心，划直径为 8.5 mm 的圆 5、6，达到图 2-14 所示的要求。

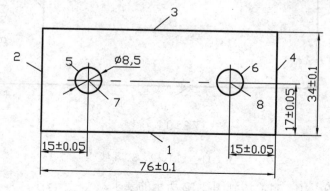

图 2-14　划圆 5、6

(8) 检查所划线是否正确，若正确，再在直线 1、2、3、4 和圆 5、6 上打样冲眼。

基 本 知 识

划线前的准备工作如表 2-3 所示。

表 2-3 划线前的准备工作

序号	内容	图 示	说 明
1	清理毛坯		(1) 铸件毛坯，应先将残余型砂、毛刺、浇口及冒口进行清理、錾平，并且锉平划线部位的表面 (2) 锻件毛坯，应将氧化皮除去，对于"半成品"的已加工表面，若有锈蚀，应用钢丝刷将浮锈刷去，修钝锐边，擦净油污
2	确定划线基准	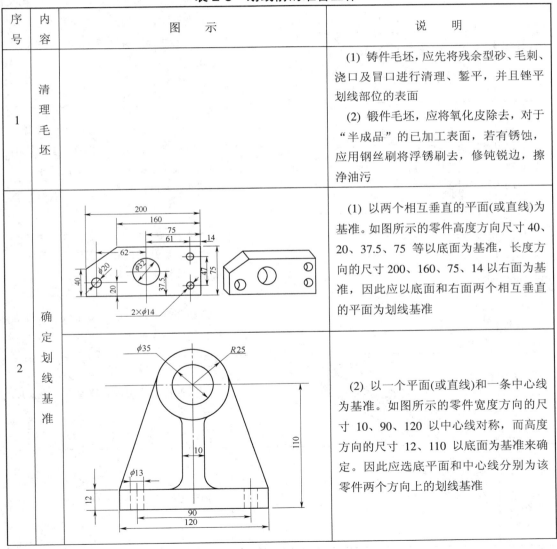	(1) 以两个相互垂直的平面(或直线)为基准。如图所示的零件高度方向尺寸 40、20、37.5、75 等以底面为基准，长度方向的尺寸 200、160、75、14 以右面为基准，因此应以底面和右面两个相互垂直的平面为划线基准 (2) 以一个平面(或直线)和一条中心线为基准。如图所示的零件宽度方向的尺寸 10、90、120 以中心线对称，而高度方向的尺寸 12、110 以底面为基准来确定。因此应选底平面和中心线分别为该零件两个方向上的划线基准

序号	内容	图　示	说　明
2	确定划线基准	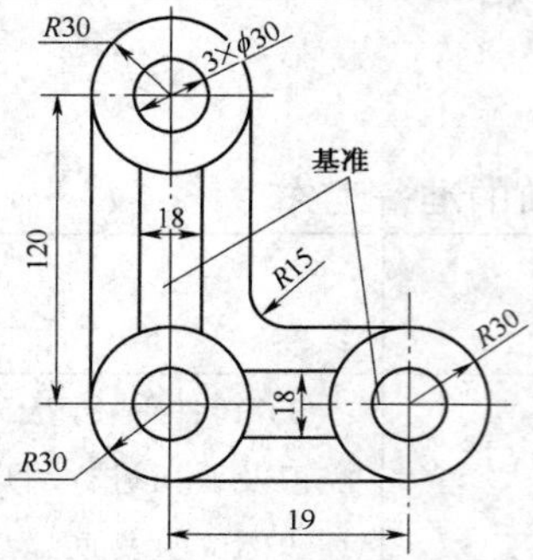	（3）以两条相互垂直的中心线为基准。如图所示零件的两个方向尺寸与其中心线具有对称性，因此应选水平中心线和垂直中心线分别为该零件两个方向上的划线基准
3	确定借料的方案	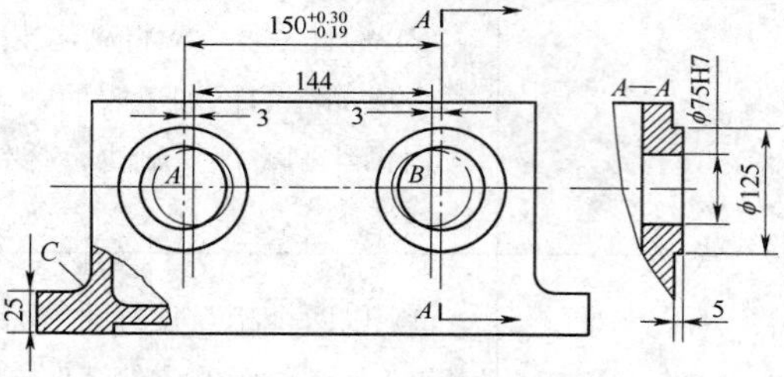	一种用划线方法来拯救有误差或缺陷的毛坯或半成品的方法。如图所示为箱体毛坯划线借料的情况
4	加塞块		为了划出孔的中心，在孔中要安装中心塞块或铅塞块，大孔用中心架
5	涂涂料		划线部位清理后应涂上涂料，涂料要涂得均匀而且薄
6	划针的修磨	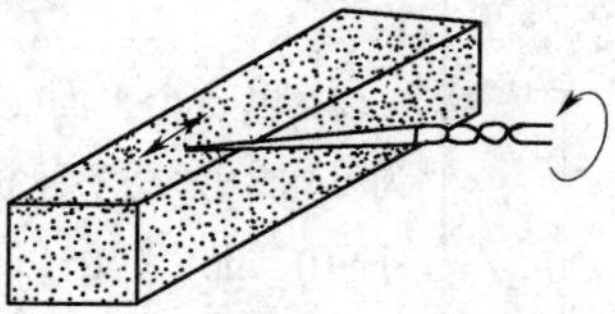	划针的针尖要用油石修磨并淬火，以保持针尖锋利
7	划针的清理		划针表面要用棉纱擦干净

基 本 技 能

一、任务引入

划出如图 2-15 所示的线。

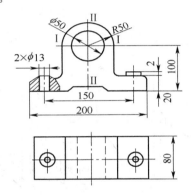

图 2-15 立体划线练习图

二、任务实施

立体划线的步骤和方法如下：

(1) 准备好各种划线时必需的划线钳桌、划针盘、划规、样冲、划线锤、角尺、三角板、白粉笔等。

(2) 清理毛坯，并选定相互垂直的中心线 I-I、II-II 为划线基准，如图 2-15 所示。

(3) 根据 $\phi 50$ 孔的中心平面，调节千斤顶使工件水平，如图 2-16 所示。

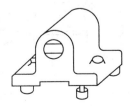

图 2-16 调节千斤顶使工件水平

(4) 划ϕ50孔中心线 I-I，达到如图 2-17 所示要求。

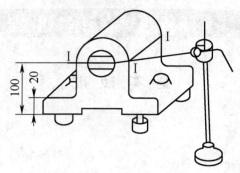

图 2-17　划ϕ50孔中心线 I-I

(5) 划ϕ50孔中心线 II-II 和孔ϕ13 的中心线，达到如图 2-18 所示要求。

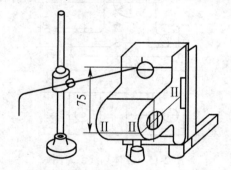

图 2-18　划ϕ50孔中心线 II-II 和孔ϕ13 的中心线

(6) 划厚度中心线 III-III，达到如图 2-19 所示。

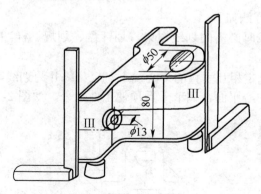

图 2-19　划厚度中心线 III-III

(7) 在各处交点打样冲眼，如图 2-15 所示。

(8) 以各处交点划圆，如图 2-15 所示。

(9) 检查所划线是否正确，并打上样冲眼，如图 2-15 所示。

基 本 知 识

目评价

一、思考题

1. 简述划针的种类及用途。
2. 简述划线基准的确定方法。
3. 简述划线盘的作用。
4. 简述平面划线方法。
5. 简述立体划线方法。

二、技能训练

1. 练习划直线和圆。
2. 练习平面划线。
3. 练习立体划线。

三、技能训练中应注意的事项

(1) 工具摆放要合理，左手用的工具放在左面，右手用的工具放在右面，且摆放要整齐、稳妥。

(2) 必须正确掌握画线工具的使用方法，使所划的线条清晰、尺寸正确，样冲眼分布合理、准确。

(3) 划线后必须仔细检查，以免出错。

四、项目评价评分表

序号	考核内容	考核要求	配分	评分标准	检测结果	得分
1	实训态度	(1) 不迟到，不早退 (2) 实训态度应端正	10	(1) 迟到一次扣1分 (2) 旷课一次扣5分 (3) 实训态度不端正扣5分		
2	安全文明生产	(1) 正确执行安全技术操作规程 (2) 工作场地应保持整洁 (3) 工件、工具摆放应保持整齐	6	(1) 造成重大事故，按0分处理 (2) 其余违规，每违反一项扣2分		
3	设备、工具、量具的使用	各种设备、工具、量具的使用应符合有关规定	4	(1) 造成重大事故，按0分处理 (2) 其余违规，每违反一项扣1分		
4	操作方法和步骤	操作方法和步骤必须符合要求	30	每违反一项扣1至5分		
5	技术要求	76 ± 0.1	10	超差不得分		
		34 ± 0.1	10	超差不得分		
		15 ± 0.05	10	超差不得分		
		17 ± 0.05	10	超差不得分		
		$\phi 8.5$	10	超差不得分		
6	工时	2学时		每超时5分钟扣2分		
7	合　计					

项目三

锯削工件

项目情境

　　锯削是利用手锯对较小材料或工件进行切断或切槽等的加工方法。它具有方便、简单和灵活的特点，在单件小批生产、临时工地以及切割异形工件、开槽、修整等场合应用较广。

项目学习目标

	学 习 目 标	学 习 方 式	学 时
技能目标	① 掌握选用和安装锯条的方法 ② 学会锯削姿势和方法 ③ 掌握锯削长方体的方法	教师讲解演示 学生实际操作 教师现场指导	2 课时
知识目标	① 了解手锯的组成 ② 了解锯条的结构和规格	教师讲授理论 现场演示操作	
情感目标	激发学生学习兴趣，培养团队协作意识，使学生养成守时、守纪的好习惯，培养学生善于思考、严谨求实、务实创新的精神	在情境中激发 培养学生兴趣	

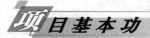

项目任务分析

本项目通过 3 个任务来练习选用和安装锯条的方法、锯削的姿势和方法、锯削长方体的方法。

本项目通过教师在现场边讲解边演示选用和安装锯条的方法、锯削姿势和方法、锯削长方体的方法，同时学生实际操作来达到实训目的。

项目基本功

任务一 选用和安装锯条

基 本 技 能

一、选用锯条

锯条可分为粗齿锯条(每 25 mm 长度内的齿数为 14～18)、中齿锯条(每 25 mm 长度内的齿数为 18～24)和细齿锯条(每 25 mm 长度内的齿数为 24～32)等三种。

锯条通常根据工件材料硬度和厚度来选用。锯削铜、铝等软材料或厚工件时，因锯屑较多，要求有较大的容屑空间，故选用粗齿锯条；锯削硬钢等硬材料或薄壁工件时，锯齿不易切入，锯削量小，不需要大的容屑空间，另外，对于薄壁工件，在锯削时，锯齿易被工件勾住而崩刃，需要同时工作的齿数多(至少 3 个齿能同时工作)，故选用细齿锯条；锯削普通钢材、铸铁等中等硬度材料或中等厚度工件时，可选用中齿锯条。

二、安装锯条

(1) 安装锯条时，因为手锯在向前推进时才切削工件，反之则不起切削作用，所以锯齿齿尖要向前，如图 3-1(a)所示。

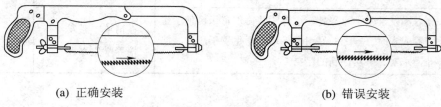

(a) 正确安装　　　　　　　　　　　(b) 错误安装

图 3-1　安装锯条

(2) 安装锯条时，锯条松紧要适当。

如果锯条装得太紧，锯条受力大，失去弹性，锯削时稍有阻滞就容易折断；如果锯条装得太松，锯条不但容易发生扭曲造成折断，而且锯缝容易歪斜。一般用手拨动锯条时，手感硬实并略带弹性，则锯条松紧适宜。

(3) 锯条安装后，应检查锯条是否歪斜，如有歪斜，则需校正。

锯条的校正方法是：把碟形螺母再旋紧些，然后旋松一些，来消除扭曲现象。

基 本 知 识

表 3-1　常用的锯削工具

序号	名称	图　示	说　明
1	台虎钳	钳口螺钉　砧座　紧固螺栓　旋转螺杆	(1) 安装在钳桌边缘上，用于夹持工件 (2) 夹紧工件时，只允许依靠手的力量来扳动手柄，不能用锤子敲击手柄或套上长管子来扳动手柄，以免损坏丝杠、螺母或钳身等 (3) 不允许在活动钳身的光滑平面上进行敲击作业 (4) 丝杠、螺母和其他活动表面上要经常加油并保持清洁
2	手锯	伸缩弓　U形弓　锯柄　拉紧器	由锯弓和锯条组成，用于进行锯削加工
3	锯条的结构	300　厚0.64	一般用渗碳软钢冷轧而成，也有用碳素工具钢或合金钢制成的，经淬火处理
4	锯条的规格		锯条的规格以锯条两端安装孔间的距离来表示，其规格有 200 mm、250 mm、300 mm。最常用的锯条是长 300 mm、宽 12 mm、厚 0.64 mm

基 本 技 能

一、练习锯削站立姿势

锯削时，操作者应站立在台虎钳的左侧，左脚向前迈半步，与台虎钳中轴线成 30°，右脚在后，与台虎钳中轴线成 75°，两脚间的间距与肩同宽，如图 3-2(a)所示。操作者的身体与台虎钳中轴线的垂线成 45°，如图 3-2(b)所示。

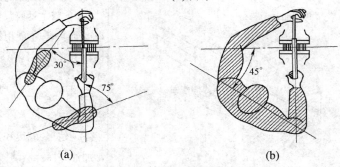

(a)　　　　　　　　　　　　(b)

图 3-2　锯削站立姿势

二、练习握锯方法

常见的握锯方法是右手满握锯柄，左手拇指压在锯背上，其余四指轻轻扶在锯弓前端，将锯弓扶正，如图 3-3 所示。

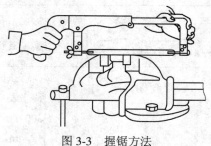

图 3-3　握锯方法

三、练习起锯方法

起锯是锯削运动的开始，起锯质量的好坏直接影响锯削质量。起锯法有远起锯法(如图3-4(a)所示)和近起锯法(如图3-4(b)所示)两种。起锯时用左手拇指靠住锯条，使锯条能正确地锯在所在位置上，如图 3-4(c)所示。起锯行程要短，压力要小，速度要慢，起锯角以15°左右为宜。

(a) 远起锯　　　　　　　(b) 近起锯　　　　　　(c) 用拇指挡住锯条起锯

图 3-4　起锯法

远起锯法是指从工件远离操作者的一端起锯，锯齿是逐步切入材料，锯齿不易被卡住；近起锯法是指从工件靠近操作者的一端起锯，这种起锯法如果掌握得不好，锯条容易被工件的棱边卡住，造成锯条崩齿，此时，可采用向后拉手锯作倒向起锯，使起锯时接触的齿数增加，再作推进起锯就不会被棱边卡住而崩齿了。因此，一般情况采用远起锯法。当起锯锯削到槽深 2～3 mm 时，锯条已不会滑出槽外，左手拇指可离开锯条，扶正锯弓逐渐使锯痕向后(或向前)成水平，然后往下正常锯削。

四、练习锯削姿势

1．选好站立位置，站好，握好锯并起好锯。

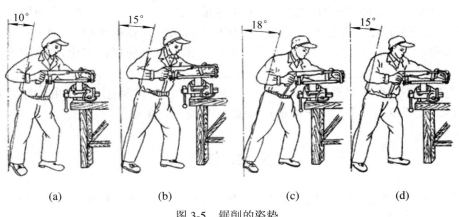

(a)　　　　　　　(b)　　　　　　　(c)　　　　　　　(d)

图 3-5　锯削的姿势

2．推锯姿势。

开始进锯时，如图 3-5(a)所示，操作者右腿站稳伸直，左腿略有弯曲，身体向前倾斜，重心落在左脚上，两脚站稳不动，靠左膝的屈伸使身体做往复摆动。只在起锯时，身体稍向前倾，与竖直方向约成 10°角，此时右肘尽量向后收，与锯削方向保持平行。

向前锯削时，如图 3-5(b)所示，操作者用力要均匀，左手扶锯，右手掌推动锯子向前运动，上身倾斜跟随一起向前运动，此时，左脚向前弯曲，右腿伸直向前倾，操作者的重心在左脚上。

继续向前推锯时，如图 3-5(c)所示，操作者身体倾斜的角度也随之增大，左、右手臂均向前伸出。

当手锯推进至 3/4 锯子的长度时，如图 3-5(d)所示，操作者的身体停止向前运动，但两臂要继续把锯子送到头，身体随着锯削的反作用力，重心后移，退回到 15°左右。

3．回锯姿势。

锯削行程结束后，左手要把锯弓略微抬起，右手向后拉动锯子，取消压力将手和身体逐渐回到最初位置，为第二次推锯作准备。

五、练习锯削运动和速度

锯削时的锯弓运动形式有两种：

(1) 直线运动。直线运动适用于锯削薄形工件和锯缝底面要求平直的槽。

(2) 小幅度的下摆动式运动。这种运动是手锯在推进时，右手下压而左手上提，回程时右手上抬，左手自然跟回。该方式操作自然、省力，可减少锯削时的阻力，提高锯削效率，锯削时运动大都采用此种运动形式。

锯弓前进时，一般要加不大的压力，而后拉时不加压力。

锯削速度以每分钟 30～60 次为宜。锯削速度过快，易使锯条发热，磨损加重；锯削速度过慢，又直接影响锯削效率。一般锯削软材料可快些，锯削硬材料应慢些。必要时可用切削液对锯条冷却润滑，以减轻锯条的磨损。锯削行程应保持匀速，返回时，速度相应快一些。

锯削时，不要仅使用锯条的中间部分，而应尽量在全长度范围内使用。为避免局部磨损，一般应使锯条的行程不小于锯条长的 2/3，以延长锯条的使用寿命。

基 本 知 识

锯削各种形状的工件时，应按如图 3-6 所示的顺序，反复进行操作，并经常加切削液。

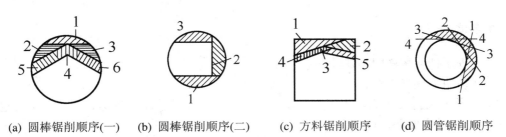

(a) 圆棒锯削顺序(一)　　(b) 圆棒锯削顺序(二)　　(c) 方料锯削顺序　　(d) 圆管锯削顺序

图 3-6　锯削顺序

任务三　锯削长方体

基 本 技 能

一、任务引入

将一 100 mm × 40 mm × 10 mm 的 45 钢料锯成如图 3-7 所示的要求。

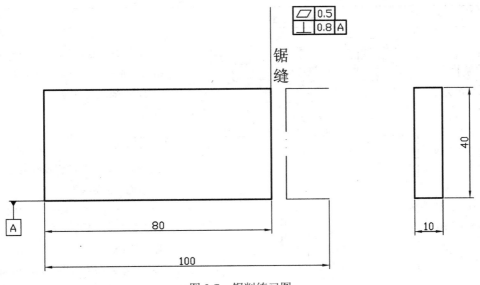

图 3-7　锯削练习图

二、任务实施

1. 清理工件并按样图划好线。

2. 在虎钳上夹好工件。

(1) 工件的夹持要牢固，不可有抖动，以防锯削时工件移动而使锯条折断。同时也要防止夹坏已加工表面和工件变形。

(2) 工件尽可能夹持在虎钳的左面，以方便操作；锯削线应与钳口垂直，以防锯斜；锯削线离钳口不应太远(一般取 5～10 mm)，以防锯削时产生抖动。

3. 选好站立位置，站好，握好锯并起好锯。

4. 按规范反复推锯和回锯。

5. 快锯断时，左手托拿材料，只用右手轻力锯落，不使材料落在台上。

6. 清理现场。

基 本 知 识

其他形式工件的锯削方法如表 3-2 所示。

表 3-2　其他形式工件的锯削方法

序号	内容	图　　示	说　　明
1	薄材料的锯削方法		(1) 锯削扁钢、条料时，可采用远起锯法，并从宽的一面上锯下去 (2) 锯削薄板料时，可将薄板夹持在两木块之间，连同木块一起锯削
2	轴类零件的锯削方法		(1) 锯削前，工件必须夹持平稳，尽量保持水平位置，使锯条与它保持垂直，防止锯缝歪斜 (2) 当被锯削工件锯后的断面要求比较平整、光洁时，应从一个方向连续锯削直到结束 (3) 当锯削后的断面要求不高时，每锯削到一定深度(不超过中心)即可改变锯削方向，最后一次锯断

序号	内容	图　示	说　明
3	管子的锯削方法		(1) 锯削前把管子水平夹持在虎钳内，不能夹得太紧，以免管子变形 (2) 对于薄管子或精加工过的管子，都应夹在木垫内
4	深缝的锯削方法	(a)　(b)　(c)	当锯缝深度超过锯弓的高度时，可将锯条转过 90° 安装后再锯，见图(b)，同时要调整工件夹持位置，使锯削部分处于钳口附近，避免工件跳动。也可将锯条转 180°，使锯齿在锯弓内安装好再进行锯削，见图(c)

项目评价

一、思考题

1．简述如何选用锯条。
2．简述如何安装锯条。
3．简述锯削的站立姿势。
4．简述起锯方法。
5．简述如何推锯和回锯。
6．简述薄材料的锯削方法。
7．简述深缝的锯削方法。

二、技能训练

1．练习选用和安装锯条。

2. 练习锯削姿势和方法。

3. 练习锯削长方体的方法。

三、技能训练中应注意的事项

1. 要保持划线清楚、锯条平直。

2. 注意调整锯条的张紧力，以防锯条断裂造成伤人事件。

3. 起锯和快锯断时用力要小。

4. 锯削速度不能太快，一般为 40 次/分钟。

5. 锯面不允许修磨。

6. 锯削结束后，应把锯条放松。

四、项目评价评分表

序号	考核内容	考核要求	配分	评分标准	检测结果	得分
1	实训态度	(1) 不迟到，不早退 (2) 实训态度应端正	10	(1) 迟到一次扣 1 分 (2) 旷课一次扣 5 分 (3) 实训态度不端正扣 5 分		
2	安全文明生产	(1) 正确执行安全操作规程 (2) 工作场地应保持整洁 (3) 工件、工具摆放应保持整齐	6	(1) 造成重大事故，按 0 分处理 (2) 其余违规，每违反一项扣 2 分		
3	设备、工具、量具的使用	各种设备、工具、量具的使用应符合有关规定	4	(1) 造成重大事故，按 0 分处理 (2) 其余违规，每违反一项扣 1 分		
4	操作方法和步骤	操作方法和步骤必须符合要求	30	每违反一项扣 1 至 5 分		
5	技术要求	80	10	超差不得分		
		平面度 0.5 mm	20	超差不得分		
		平行度 0.8 mm	20	超差不得分		
6	工时	2 学时		每超时 5 分钟扣 2 分		
7	合　计					

项目四

錾 削 工 件

项目情境

錾削工件是用手锤打击錾子对工件进行切削加工的一种方法。它主要用于不便于机械加工的场合，如清除毛坯件表面多余金属、分割材料、錾油槽等，有时也用作较小平面的粗加工。

项目学习目标

	学 习 目 标	学 习 方 式	学 时
技能目标	① 掌握錾子的刃磨和热处理方法 ② 学会錾削的动作和姿势 ③ 掌握窄平面的錾削方法	教师讲解演示 学生实际操作 教师现场指导	4 课时
知识目标	① 了解錾子的种类、楔角 β、后角 α 和前角 γ ② 了解手锤的规格 ③ 弄清油槽、大平面和板料的錾削方法	教师讲授理论 现场演示操作	
情感目标	激发学生的学习兴趣，培养团队协作意识，使学生养成守时、守纪的好习惯，培养学生善于思考、严谨求实、务实创新的精神	在情境中激发 培养学生兴趣	

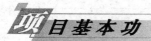

本项目通过 3 个任务来实际训练刃磨和热处理方法，錾削的动作、姿势，窄平面的錾削方法。

本项目通过教师在现场边讲解边演示刃磨和热处理方法、錾削的动作和姿势、窄平面的錾削方法，同时学生实际操作来达到实训目的。

项目基本功

任务一　刃磨錾子

基 本 技 能

一、刃磨錾子

1. 握好錾子

刃磨錾子时，首先要握好錾子，如图 4-1(a)所示。两手一前一后，前面手的大拇指与食指捏住錾子的前端，其他三指自然弯曲，小指下部支撑在固定的托板上，另一只手的五个手指轻力捏住錾子的杆部。

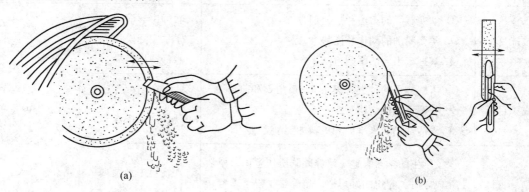

(a)

(b)

图 4-1　錾子的刃磨

2．刃磨錾子刃面和腮面

刃磨錾子时，先磨两个刃面，后磨两腮面。在旋转的砂轮轮缘上进行刃磨，这时錾子的切削刃应高于砂轮中心，在砂轮全宽上作左右来回平稳的移动，并要控制錾子前后刀面的位置，保证磨出符合要求的楔角，如表 4-1 中錾子的几何角度。

3．刃磨刃口

刃磨錾子刃口要在砂轮的外边圆上进行，两手要同时左右移动，如图 4-1(b)所示。

二、对錾子进行热处理

錾子是用碳素工具钢(T7A 或 T8A)锻造并经热处理而制成的。錾子的热处理包括淬火和回火两个过程(见图 4-2)，其目的是使錾子的刃口部分具有较高的硬度和足够的韧性。

图 4-2　錾子的淬火

1．錾子淬火

将已磨好的錾子的切削部分(约 20 mm 长度一端)，加热至 750℃～780℃(呈暗樱红色)后，迅速将从炉中取出，并将切削部分垂直浸入水中约 4～6 mm 进行冷却，同时将錾子沿水平面微微移动，等冷却到錾子露出水面部分呈黑色时取出。

2．錾子回火

取出錾子后，利用錾子上部的余热进行回火。一般刚出水时錾子刃口呈白色，随后变成黄色，再变成蓝色。当呈黄色时，把錾子全部浸入水中冷却，此回火温度称为黄火。当呈蓝色时把錾子全部浸入水中冷却，此回火温度称为蓝火。一般多采用黄蓝火，这样使錾子既能达到较高的硬度，又能保持足够的韧性。

基 本 知 识

表 4-1 列出了常用的錾削工具的名称、图示及其说明。

<table>
表 4-1　常用的錾削工具
</table>

序号	名称	图　示	说　明
1	錾子	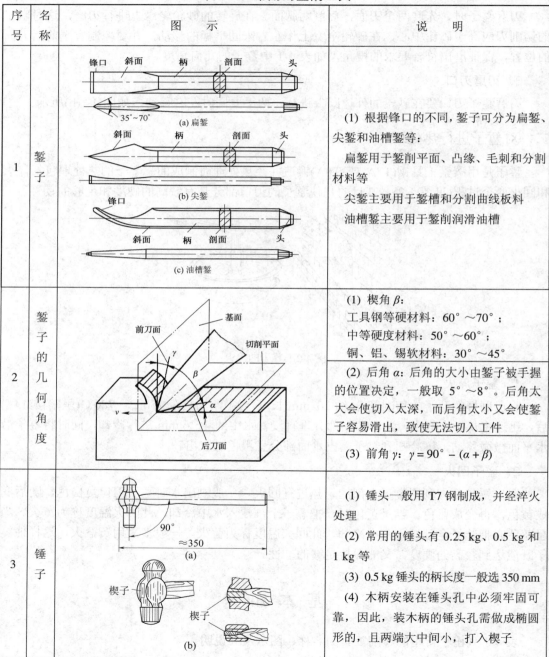	(1) 根据锋口的不同，錾子可分为扁錾、尖錾和油槽錾等： 扁錾用于錾削平面、凸缘、毛刺和分割材料等 尖錾主要用于錾槽和分割曲线板料 油槽錾主要用于錾削润滑油槽
2	錾子的几何角度		(1) 楔角 β： 工具钢等硬材料：60°～70°； 中等硬度材料：50°～60°； 铜、铝、锡软材料：30°～45°
			(2) 后角 α：后角的大小由錾子被手握的位置决定，一般取 5°～8°。后角太大会使切入太深，而后角太小又会使錾子容易滑出，致使无法切入工件
			(3) 前角 γ：$\gamma = 90° - (\alpha + \beta)$
3	锤子		(1) 锤头一般用 T7 钢制成，并经淬火处理 (2) 常用的锤头有 0.25 kg、0.5 kg 和 1 kg 等 (3) 0.5 kg 锤头的柄长度一般选 350 mm (4) 木柄安装在锤头孔中必须牢固可靠，因此，装木柄的锤头孔需做成椭圆形的，且两端大中间小，打入楔子

基 本 技 能

一、练习錾子的握法

錾子有正握法、反握法和立握法三种握法。

1. 正握法

錾子的正握法如图 4-3(a)所示，手心向下，用左手的中指、无名指和小指握住錾子，食指和大拇指自然松靠，錾子的头部伸出约 20 mm。錾切较大平面和在台虎钳上錾切工件时常采用这种握法。

2. 反握法

錾子的反握法如图 4-3(b)所示，手心向上，手指自然捏住錾子，手掌悬空不与錾子接触。錾切工件的侧面和进行较小加工余量的錾切时，常采用这种握法。

3. 立握法

錾子的立握法如图 4-3(c)所示，由上向下錾切板料和小平面时，多使用这种握法。

(a) 正握法　　　　　(b) 反握法　　　　　(c) 立握法

图 4-3　錾子的握法

二、练习锤子的握法

锤子的握法有松握法和紧握法两种。

1．松握法

锤子的松握法如图 4-4 所示，只有大拇指和食指始终紧握锤柄。当用锤子打击錾子时，中指、无名指、小指一个接一个依次握紧锤柄，挥锤时以相反的次序依次放松。

2．紧握法

锤子的紧握法如图 4-5 所示，用右手食指、中指、无名指和小指紧握锤柄，大拇指放在食指上面，虎口要对准锤头的走向，锤子的把尾留露 15～30 mm。

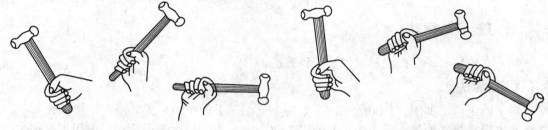

图 4-4　锤子的松握法　　　　　　　图 4-5　锤子的紧握法

三、练习錾削的站立姿势

錾削时，操作者两脚互成一定角度，左脚跨前半步，右脚稍微朝后，如图 4-6(a)所示，身体自然站立，重心偏于右脚。右脚要站稳，右腿伸直，左腿膝关节应稍微自然弯曲。眼睛注视錾削处，以便观察錾削的情况，而不应注视锤击处。左手捏錾使其在工件上保持正确的角度，右手挥锤，使锤头沿弧线运动，进行敲击，如图 4-6(b)所示。

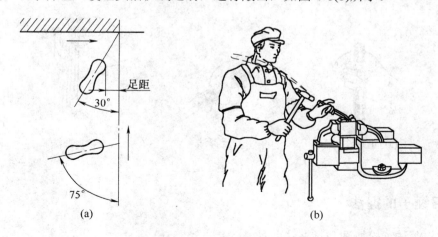

图 4-6　錾削的站立姿势

四、练习挥锤方法

挥锤的方法有臂挥法、肘挥法和腕挥法三种。

1. 臂挥法

臂挥法是用手腕、肘和全臂一起挥锤的，如图 4-7(a)所示，这种挥锤法打击力最大，用于需要大力錾削的场合。

2. 肘挥法

肘挥法是用腕和肘一起挥锤的，如图 4-7(b)所示，这种挥锤法打击力较大，应用最广泛。

3. 腕挥法

腕挥法只有手腕的运动，如图 4-7(c)所示，锤击力小，一般用于錾削的开始和结尾。

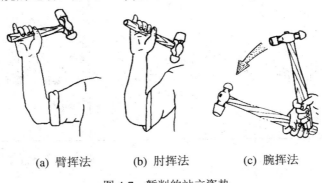

(a) 臂挥法　　(b) 肘挥法　　(c) 腕挥法

图 4-7　錾削的站立姿势

五、练习锤击方法

锤击时，锤子在右上方划弧形作上下运动，眼睛要看在切削刃和工件之间，这样才能顺利地工作，才能保证被加工产品的质量。

锤击要稳、准、狠，其动作要一下一下有节奏地进行，肘挥法的锤击速度一般为 40 次/分钟，腕挥时锤击速度一般为 50 次/分钟。

锤击时，锤子敲下去应有加速度，这样可增加锤击的力量。

基 本 知 识

常见形状工件錾削方法如表 4-2 所示。

表 4-2 常见形状工件錾削方法

序号	项目	图 示	说 明
1	大平面錾削		錾削时,可先用尖錾间隔开槽,槽的深度应保持一致,然后再用扁錾錾去剩余的部分,这样比较省力
2	板料的錾削		(1) 在台虎钳上錾削板料:錾削时,板料要按划线与钳口平齐,用扁錾沿着钳口并斜对着板料(约成 45°角)自右向左錾削。錾子的刃口不能正对着板料錾削
			(2) 在铁砧或平板上錾削板料:对于尺寸较大的板料,錾削时应选择切断用的錾子,并且其切削刃应磨有适当的弧形,这样便于錾削和錾痕对齐
		狭錾 阔錾	(3) 用密集钻孔的配合錾削板料: ① 板料轮廓较复杂时,为了尽量减少变形,一般先按要加工的轮廓线划线 ② 钻出密集的孔 ③ 用扁錾、尖錾逐步錾削

序号	项目	图 示	说 明
3	油槽的錾削	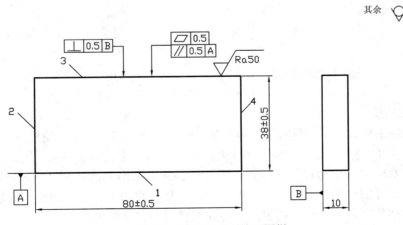 (a)　　　　　(b)	(1) 根据图样上的油槽的断面形状、尺寸，刃磨好油槽錾子的切削部分 (2) 在工件需要錾削的油槽部位划线 (3) 錾削时，錾子的倾斜角需随曲面而变动，保持錾削时的后角不变，这样錾出的油槽表面光滑且大小一致

任务三 錾削窄平面

基 本 技 能

一、任务引入

錾削尺寸为 80 mm × 40 mm × 10 mm 的 45 钢钢板的 3 平面，达到如图 4-8 所示的要求。

图 4-8　錾削窄平面练习图样

二、任务实施

1．做好准备工作。

(1) 按样图划好线。

(2) 在虎钳上夹好工件。

(3) 握好錾子和锤子。

(4) 站立好。

2．起錾。

起錾方法有斜角起錾和正面起錾两种。

錾削平面主要使用扁錾，起錾时，一般都应从工件的边缘尖角处着手，称为斜角起錾，如图 4-9(a)所示。起錾时，錾子尽可能向右斜 45°左右，从工件边缘尖角处开始，并使錾子从尖角处向下倾斜约 30°，轻打錾子，切入材料。

在錾削槽时，则采用正面起錾法。起錾时，錾子置于工件的中间部位，錾子的切削刃要抵紧起錾部位，錾子头部向下倾斜，使錾子与工件起錾端面基本垂直，如图 4-9(b)所示，然后再轻敲錾子，这样能够比较容易地完成起錾工作。

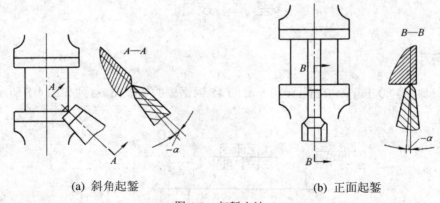

(a) 斜角起錾   (b) 正面起錾

图 4-9　起錾方法

3．正常錾削。

錾削时，左手握好錾子，眼睛注视刀刃处，右手挥锤锤击，一般应使后角保持在 5°～8°之间不变。后角过大，錾子易向工件深处扎入；后角过小，錾子易从錾削部位滑出。錾削深度每次以 0.5～2 mm 为宜。如錾削余量大于 2 mm，可分几次錾削。一般每錾削两、三次后，可将錾子退回一些，作一次短暂的停顿，然后再将刀刃顶住錾削处继续錾削，这样既可以随时观察錾削表面的平整情况，又可使手臂肌肉有节奏地得到放松。

4．结束錾削(见图 4-10)。

当錾削到工件尽头时，要防止工件材料边缘崩裂，脆性材料尤其需要注意。因此，錾到距尽头 10 mm 左右时，必须调头錾去其余部分。

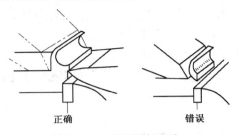

正确　　　　　错误

图 4-10　结束錾削方法

5．清理现场。

錾削结束后，应修光錾削边的毛刺，并将工量具收好，做好现场的清洁工作。

项目评价

一、思考题

1．简述錾子的种类及用途。
2．简述錾子的刃磨和热处理方法。
3．简述錾子的几种握法。
4．解释錾子的楔角 β、后角 α 和前角 γ。
5．锤子有哪几种握法？
6．挥锤的方法有几种？
7．简述窄平面的錾削方法。

二、技能训练

1．练习錾子的刃磨和热处理。
2．练习錾削动作和姿势。
3．练习窄平面的錾削方法。

三、技能训练中应注意的事项

1. 工件必须固定牢靠。
2. 錾子和锤子不得有飞边，若发现有，应立即把它们磨掉或更换。
3. 錾削时，操作者应注视錾刃，以防錾子伤人。
4. 錾屑要用刷子刷掉，不得用手擦或用嘴吹。
5. 锤子的木柄不得有松动，若发现有松动应立即装牢或更换。

四、项目评价评分表

序号	考核内容	考核要求	配分	评分标准	检测结果	得分
1	实训态度	(1) 不迟到，不早退 (2) 实训态度应端正	10	(1) 迟到一次扣1分 (2) 旷课一次扣5分 (3) 实训态度不端正扣5分		
2	安全文明生产	(1) 正确执行安全技术操作规程 (2) 工作场地应保持整洁 (3) 工件、工具摆放应保持整齐	6	(1) 造成重大事故，按0分处理 (2) 其余违规，每违反一项扣2分		
3	设备、工具、量具的使用	各种设备、工具、量具的使用应符合有关规定	4	(1) 造成重大事故，按0分处理 (2) 其余违规，每违反一项扣1分		
4	操作方法和步骤	操作方法和步骤必须符合要求	30	每违反一项扣1至5分		
5	技术要求	38 ± 0.5	10	超差不得分		
		平面度 0.5 mm	10	超差不得分		
		垂直度 0.5 mm	10	超差不得分		
		平行度 0.5 mm	10	超差不得分		
		$R_a \leqslant 50\ \mu m$	10	超差不得分		
6	工时	4 学时		每超时5分钟扣2分		
7		合 计				

项目五

锉 削 工 件

项目情境

　　锉削是用锉刀对工件进行切削加工的方法。锉削加工简便，工作范围广，多在錾削、锯削之后进行。锉削可对工件上的平面、曲面、内外圆弧、沟槽以及其他复杂表面进行加工，锉削的最高精度可达 IT7～IT8，表面粗糙度可达 Ra1.6～0.8 μm。锉削可用于成形样板，也可对模具型腔以及部件和机器装配时的工件进行修整，是钳工主要操作方法之一。

项目学习目标

学　习　目　标		学　习　方　式	学　　时
技能目标	① 掌握锉刀的选用和保养方法 ② 学会锉削的姿势 ③ 掌握常见表面的锉削方法	教师讲解演示 学生实际操作 教师现场指导	4 课时
知识目标	① 了解锉刀的结构 ② 了解锉刀的种类	教师讲授理论 现场演示操作	
情感目标	激发学生的学习兴趣，培养团队协作意识，使学生养成守时、守纪的好习惯，培养学生善于思考、严谨求实、务实创新的精神	在情境中激发 培养学生兴趣	

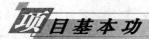

项目任务分析

本项目通过 3 个任务来实际训练锉刀的选用、锉削的姿势和锉削平面工件的方法。

本项目通过教师在现场边讲解边演示锉刀的选用、锉削的姿势和锉削平面工件方法，同时学生实际操作来达到实训目的。

项目基本功

任务一 选用锉刀

基 本 技 能

一、选用锉刀

1．选择锉刀断面形状和大小

锉刀断面形状和大小应适应工件加工表面形状和大小，因此锉刀断面形状应根据被锉削工件的表面形状和大小来选用，如表 5-1 所示。

表 5-1 按所锉削表面形状选择锉刀

序号	名称	图 示	说 明
1	扁锉刀		锉平面、外圆、凸弧面
2	半圆锉刀	推锉 转动 沿弧面移动	锉凹弧面、平面

序号	名称	图示	说明
3	圆锉刀	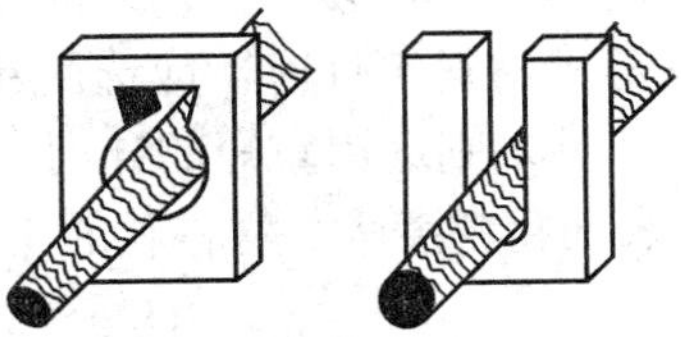	锉圆孔、半径较小的凹弧面、内椭圆面
4	三角锉刀	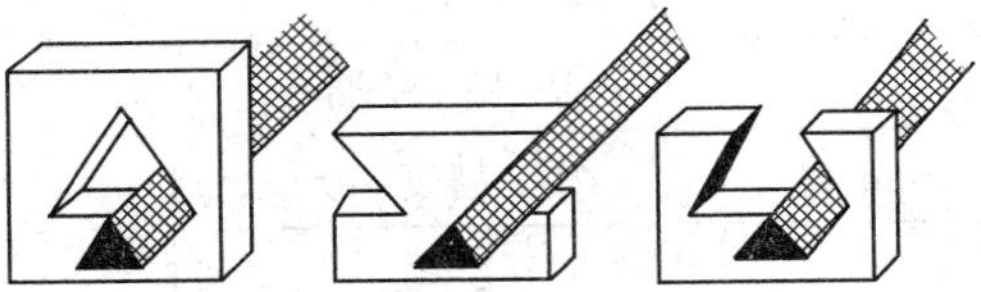	锉内角、三角孔、平面
5	方锉刀	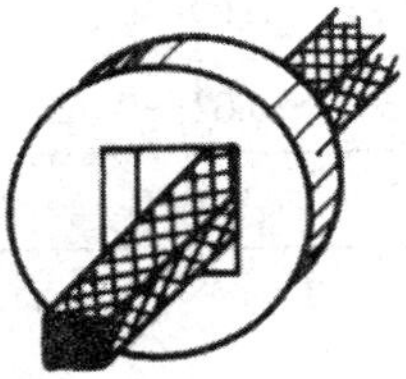	锉方孔、长方孔
6	菱形锉刀	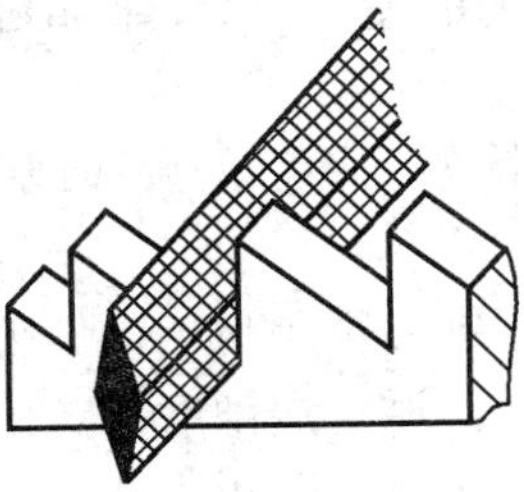	锉菱形孔、锐角槽
7	刀口锉刀	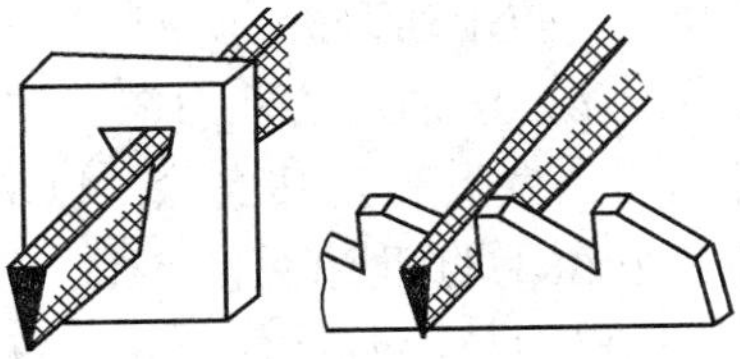	锉内角、窄槽、楔形槽，锉方孔、三角孔、长方孔的平面

2. 选择锉刀齿纹的粗细

选择锉刀齿纹的粗细时，应根据所加工工件材料的软硬、加工余量的大小、加工精度的高低、表面粗糙度的大小来选择。

锉削有色金属等软材料工件时，应选用单齿纹锉刀，否则只能选用粗锉刀，因为用细锉刀去锉软材料易被切屑堵塞。锉削钢铁等硬材料工件时，应选用双齿纹锉刀。加工面尺寸和加工余量较大时，宜选用较长的锉刀；反之则选用较短的锉刀。

锉削加工余量大、尺寸精度要求低、表面粗糙度大、材料软的工件时，宜选用粗锉刀，反之应选用细锉刀，如表 5-2 所示。

表 5-2　锉刀齿纹的粗细规格选用

锉 刀 粗 细	适 用 场 合		
	加工余量/mm	加工精度/mm	表面粗糙度 R_a/μm
1 号(粗齿锉刀)	0.5～1	0.2～0.5	100～25
2 号(中齿锉刀)	0.2～0.5	0.05～0.2	25～6.3
3 号(细齿锉刀)	0.1～0.3	0.02～0.05	12.5～3.2
4 号(双细齿锉刀)	0.1～0.2	0.01～0.02	6.3～1.6
5 号(油光锉)	0.1 以下	0.01	1.6～0.8

二、保养锉刀

合理使用和正确保养好锉刀，能延长锉刀的使用寿命，提高工作效率，降低生产成本。使用、保养锉刀应注意以下几个方面：

(1) 为防止锉刀过快磨损，不要用锉刀锉削毛坯件的硬皮或工件的淬硬表面，而应先用其他工具或用锉梢前端、边齿加工。

(2) 锉削时应先用锉刀一面，待这个面用钝后再用另一面。因为使用过的锉齿易锈蚀。

(3) 锉削时要充分使用锉刀的有效工作面，避免局部磨损。

(4) 不能用锉刀作为装拆、敲击和撬物的工具，防止因锉刀材质较脆而折断伤人。

(5) 用整形锉和小锉刀时，用力不能太大，防止锉刀折断。

(6) 锉刀要防水防油。沾水后的锉刀易生锈，沾油后的锉刀在工作时易打滑。

(7) 锉削过程中，若发现锉纹上嵌有切屑，要及时将其去除，以免切屑刮伤加工面。锉刀用完后，要用锉刷或铜片顺着锉纹刷掉残留下的切屑(见图 5-1)，以防生锈。

(8) 放置锉刀时要避免与硬物相碰，避免锉刀与锉刀重叠堆放，防止损坏锉齿。

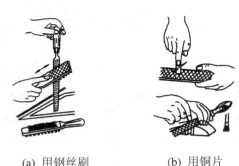

(a) 用钢丝刷   (b) 用铜片

图 5-1   清除切屑

三、安装和拆卸锉刀手柄

安装锉刀手柄的正确方法如图 5-2(a)所示。安装时，先用两手将锉柄自然插入，再用右手持锉刀轻轻镦紧，或用手锤轻轻击打直至插入锉柄长度约 3/4 为止，手柄安装孔的深度和直径不能过大或过小。图 5-2(b)为错误的安装方法，因为单手持木柄镦紧，可能会使锉刀因惯性大而跳出木柄的安装孔。

拆卸手柄的方法如图 5-2(c)所示，在台虎钳钳口上轻轻将木柄敲松后取下。

钳工锉的手柄常采用硬质木料或塑料制成，圆柱部分供镶铁箍用，以防止松动或裂开。手柄表面不能有裂纹，毛刺。

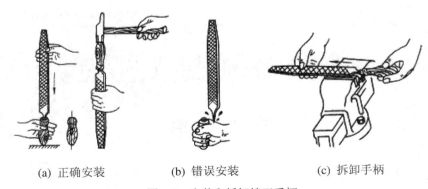

(a) 正确安装   (b) 错误安装   (c) 拆卸手柄

图 5-2   安装和拆卸锉刀手柄

基 本 知 识

锉刀的结构和种类如表 5-3 所示。

表 5-3　锉刀的结构和种类

序号	名称	图　　示	说　　明
1	锉刀的结构	锉刀面　锉刀边　底齿　锉刀尾　木柄 长度 面齿　锉刀舌	(1) 用高碳工具钢 T12、T13A 等制成 (2) 锉齿是在剁锉机上剁出来的 (3) 锉刀由锉身和锉柄两部分组成，而锉身由锉刀面、锉刀边、底齿、锉刀尾、锉刀舌和面齿等组成
2	锉刀的种类	齐头扁锉刀　　尖头扁锉刀　　矩形锉刀 半圆锉刀　　圆锉刀　　三角锉刀	(1) 锉刀按用途不同分为钳工锉、特种锉和整形锉(或称什锦锉)三类 (2) 普通锉按截面形状不同分为齐头扁锉刀、尖头扁锉刀、矩形锉刀、半圆锉刀、圆锉刀和三角锉刀六种 (3) 锉刀按长度可分为100 mm、125 mm、150 mm、200 mm、250 mm、300 mm、350 mm、400 mm 等 (4) 锉刀按齿纹可分为单齿纹、双齿纹 (5) 锉刀按其齿纹疏密可分为粗齿(4～12 齿/10 mm)、细齿(13～24 齿/10 mm)和油光锉(30～36 齿/10 mm)等

任务二　练习锉削姿势

基 本 技 能

一、练习锉刀的握法

锉刀的握法随着锉刀的大小和工件的不同而改变。大锉刀右手的握法如图 5-3(a)所示，右手拇指放在锉刀柄上面，右手掌心顶住木柄的尾端，其余的手指由下而上握着锉刀柄。大锉刀左手的握法有三种，如图 5-3(b)所示，第一种是左手掌斜放在锉梢上方，拇指根部肌肉轻压在锉刀刀头上，中指和无名指抵住梢部右下方；第二种是左手掌斜放在锉梢部，大拇指自然伸出，其余各指自然蜷曲，小拇指、无名指、中指抵住锉刀前下方；第三种是左手掌斜放在锉梢上，各指自然平放。锉削时，如图 5-3(c)所示，右手用力推动锉刀，并控制锉削方向，左手使锉刀保持水平位置，并在回程时消除压力或稍微抬起锉刀。

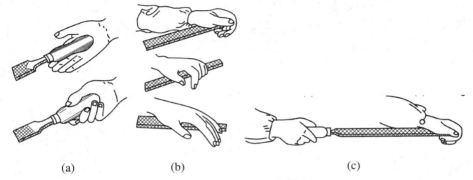

图 5-3　大锉刀的握法

中型锉刀的握法如图 5-4 所示，右手握法和大锉刀右手的握法相同，左手只需用大拇指和食指轻轻地扶导锉刀。

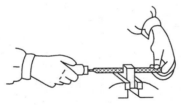

图 5-4　中型锉刀的握法

小型锉刀的握法如图 5-5 所示，右手食指伸直，拇指放在锉刀木柄上面，食指靠在锉刀的刀边，左手几个手指压在锉刀中部，如图 5-5(a)所示。更小锉刀(什锦锉)一般只用右手拿着锉刀，食指放在锉刀上面，拇指放在锉刀的左侧，如图 5-5(b)所示。

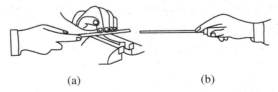

(a)　　　　　　　　　　(b)

图 5-5　小型锉刀的握法

二、练习锉削站立姿势

在虎钳上锉削工件时，操作者应面对虎钳，站立在台虎钳的左侧，两脚的站立位置如

图 5-6(a)、(b)所示。左脚向前迈半步，与台虎钳中轴线成 30°，右脚在后，与台虎钳中轴线成 75°，两脚间的间距与肩同宽，如图 5-6(a)所示。操作者身体与台虎钳中轴线的垂线成 45°，如图 5-6(b)所示。

锉削站立姿势如图 5-6(c)所示，两脚站稳不动，身体稍向前倾，重心放在左脚上，身体靠左膝弯曲，靠左膝的屈伸而作往复运动。两肩自然放平，目视锉削面，右小臂与锉刀成一直线，并与锉削面平行，左小臂与锉削面基本保持平行。

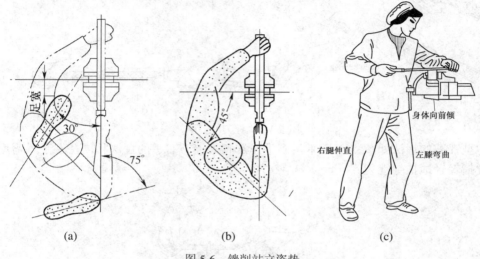

(a)   (b)   (c)

图 5-6   锉削站立姿势

三、练习锉削姿势

1．选好站立位置，站好，握好锉。

2．推锉姿势。

开始推锉时，锉刀向前推动，身体适当向前倾斜 10° 左右，重心落在左脚上，左膝逐渐弯曲，同时右腿逐渐伸直，如图 5-7(a)所示。

当锉刀推出三分之一行程时，身体向前倾斜到 15° 左右，左膝稍弯曲，如图 5-7(b)所示。

当锉刀推出三分之二行程时，身体向前倾斜到 18° 左右，左右臂向前伸出，如图 5-7(c)所示。

当锉刀推进最后三分之一行程时，身体不再前移，此时靠锉削的反作用力将身体逐渐回移到 15° 左右，左膝也随着减少弯曲度，同时两手臂继续推锉，如图 5-7(d)所示。

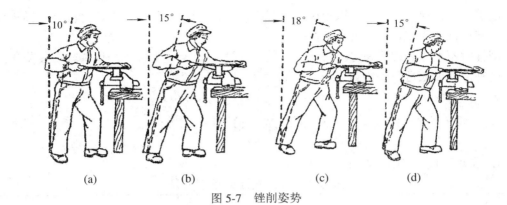

(a)　　　　　　(b)　　　　　　(c)　　　　　　(d)

图 5-7　锉削姿势

3．回锉姿势。

当推锉完成一次后，两手顺势将锉刀稍提高于锉削的表面后平行收回，此时两手不加力。当回锉动作结束后，身体仍然前倾，准备第二次锉削。

四、练习锉削时两手的用力

为了保证锉削表面平直，锉削时必须掌握好锉削力的平衡。锉削力是由水平推力和垂直压力两者合成的，水平推力主要由右手控制，垂直压力由两手控制。

开始锉削时，左手压力要大，右手压力小而推力大，如图 5-8(a)所示。

随着锉刀向前推进，左手的力逐渐减小，而右手的力逐渐增大。当锉刀推进至中间，两手的力相同，如图 5-8(b)所示。

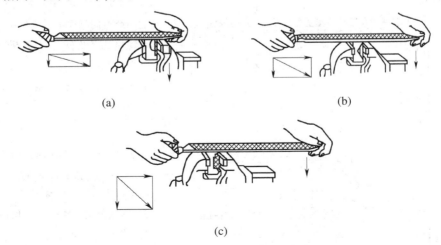

(a)　　　　　　　　　　　　　　　　(b)

(c)

图 5-8　锉削时两手的用力

随着锉刀向前推进，左手压力进一步减小，而右手压力进一步增大，推锉到最后阶段，左手只起扶锉的作用，如图 5-8(c)所示。

回锉时不加力。锉削速度一般为 30～60 分钟/次。速度太快，操作者容易疲劳，且锉齿易磨钝；速度太慢，切削效率低。

基 本 知 识

1. 常见表面的锉削方法如表 5-4 所示。

表 5-4　常见表面的锉削方法

序号	方法	图　　示	说　　明
1	平面锉削方法		(1) 顺向锉法。锉削时，锉刀沿着工件表面横向或纵向移动，锉削平面可得到正直的锉痕，比较美观。顺向锉法适用于工件锉光、锉平或锉顺锉纹
			(2) 交叉锉法。锉削时，锉刀以交叉的两个方向顺序地对工件进行锉削。由于锉痕是交叉的，容易判断锉削表面的不平程度，因此也容易把表面锉平，交叉锉法去屑较快，适用于对平面的粗锉
			(3) 推锉法。锉削时，两手对称地握着锉刀，用两大拇指推锉刀进行锉削。这种方式适用于较窄表面且已锉平、加工余量较小的情况，用于修正和减少表面粗糙度

序号	方法	图　　示	说　　明
2	曲面的锉削方法	推锉 转动 沿弧面移动	(1) 内曲面锉削方法： ① 一般选用圆锉或半圆锉； ② 推锉时，锉刀向前运动的同时，还沿内曲面作左或右移动，手腕作同步的转动动作； ③ 回锉时，两手将锉刀稍微提起放回原来位置
		推锉 沿圆弧面均匀移动 (a) 顺向锉法　先将锉刀前端向下放在锉削面上 左手上提　右手下压 (b) 横向锉法	(2) 外曲面锉削方法： ① 一般选用平锉； ② 顺向锉法：这种锉削方法易掌握且加工效率高，但只能锉削成近似圆弧的多棱形面，所以加工余量较大，适用于粗锉； ③ 横向锉法：锉削时，锉刀顺着圆弧方向向前推进的同时，右手下压，左手随着上提。这种锉削方法锉出的外曲面圆滑、光洁，但效率较小，适用于精锉
		3　1　2　1—推锉　2—锉刀沿球面中心旋转　3—锉刀沿球面表面移动	(3) 球曲面锉削方法： ① 一般选用平锉 ② 锉刀向前稍作推进时，即需作前后和左右的摆动
3	通孔的锉削方法	(a)　(b)　(c)	(1) 用平锉刀锉削较大的方孔(见图(a)) (2) 用圆锉刀锉削圆孔(见图(b)) (3) 用三角锉锉削较小的方孔、三角孔等(见图(c))

2. 工件的夹持方法如表 5-5 所示。

表 5-5　工件的夹持方法

序号	方法	图　示	说　　明
1	将工件夹在虎钳中间	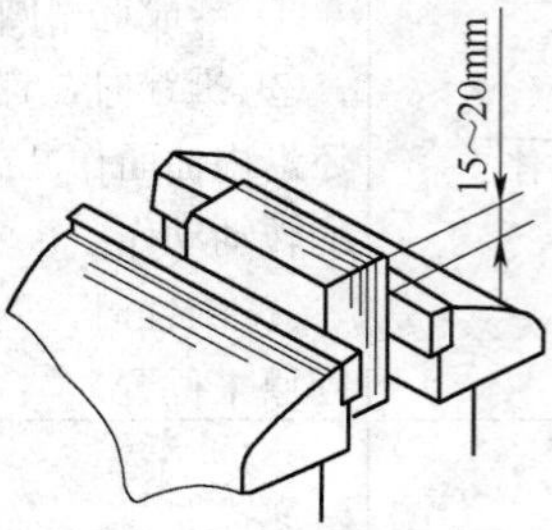 15~20mm	工件应夹在台虎钳的中间位置，其凸出钳口部分为 15~20 mm，且夹紧力适当
2	用钳口垫铁夹持工件	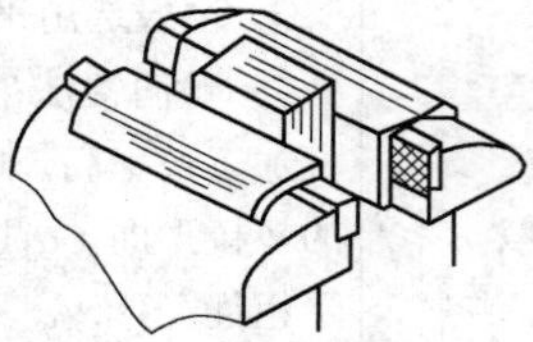	夹持已精加工的表面时，必须用紫铜板或铝板等制成的钳口垫铁，以防夹伤工件表面
3	用 V 形块夹持工件	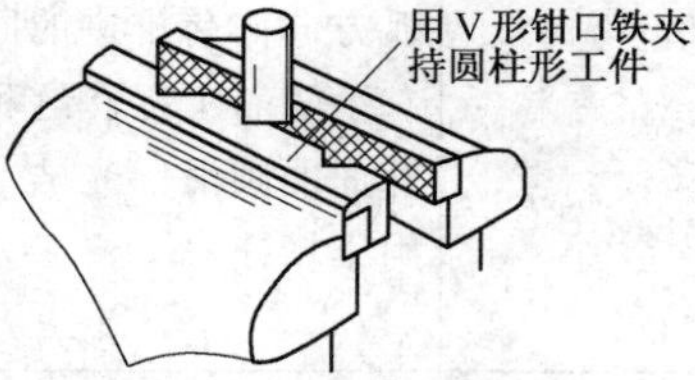 用 V 形钳口铁夹持圆柱形工件	夹持不便夹持的工件时，要借助 V 形块等辅助工具

任务三　锉削平面工件

基 本 技 能

一、任务引入

锉削尺寸为 80 mm × 38 mm × 10 mm 的 45 钢钢板，达到如图 5-9 所示的要求。

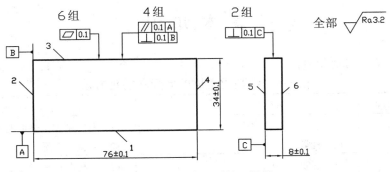

图 5-9　錾削窄平面练习图样

二、任务实施

1．做好准备工作。

(1) 检查来料是否符合要求，并按样图划好线。

(2) 在虎钳上夹好工件。

(3) 选好锉刀，并握好锉刀。

(4) 站立好，并摆好锉削姿势。

2．锉削各平面。

(1) 粗精锉 5 面(基准面 C)，达到平面度 0.1 mm 和表面粗糙度 $R_a \leqslant 3.2$ μm 的要求。

(2) 粗精锉 6 面(基准面 C 的对面)，达到 8 ± 0.1 mm、平行度 0.1 mm、平面度 0.1 mm 和表面粗糙度 $R_a \leqslant 3.2$ μm 的要求。

(3) 粗精锉 1 面(基准面 C 的相邻侧面)，达到平行度 0.1 mm、平面度 0.1 mm 和表面粗糙度 $R_a \leqslant 3.2$μm 的要求。

(4) 粗精锉 3 面(1 面的对面)，达到 34 ± 0.1 mm、平行度 0.1 mm、平面度 0.1 mm、垂直度 0.1 mm 和表面粗糙度 $R_a \leqslant 3.2$ μm 的要求。

(5) 粗精锉 2 面(基准面 C 的相邻侧面)，达到平行度 0.1 mm、平面度 0.1 mm 和表面粗糙度 $R_a \leqslant 3.2$ μm 的要求。

(6) 粗精锉 4 面(基准面 C 的相邻侧面)，达到 76 ± 0.1 mm、平行度 0.1 mm、平面度 0.1 mm 和表面粗糙度 $R_a \leqslant 3.2$ μm 的要求。

3．检查。

全面检查，并作必要的修整。

4．清理现场。

锉削结束后，锐边倒角去毛刺，并将工量具收好，做好现场清洁工作。

基 本 知 识

锉削时常见的问题和防止方法如表5-6所示。

表 5-6 锉削时常见的问题和防止方法

序号	常见问题	产 生 原 因	防 止 方 法
1	工件表面夹伤或变形	(1) 台虎钳未装软钳口 (2) 夹紧力过大	(1) 夹持精加工表面时要装软钳口 (2) 夹紧力要适当
2	工件尺寸超差	(1) 划线不准确 (2) 未及时测量尺寸或测量不准确	(1) 要按图样正确划线，并校对 (2) 经常测量，做到心中有数
3	工件表面粗糙度超差	(1) 锉刀齿纹选用不当 (2) 锉纹中间嵌有锉屑未及时清除 (3) 粗、精锉削加工余量选用不当 (4) 直角边锉削时未选用光边锉刀	(1) 合理选用锉刀 (2) 要及时清理锉屑 (3) 要正确选用加工余量 (4) 直角边锉削时要选用光边锉刀
4	工件平面度超差(中凸、塌边或塌角)	(1) 选用锉刀不当或锉刀面中凸 (2) 锉削时双手推力、压力应用不协调 (3) 未及时检查平面度就改变锉削方法	(1) 合理选用锉刀 (2) 锉削时双手推力、压力应用要协调 (3) 经常测量，做到心中有数

项目评价

一、思考题

1. 简述锉刀的种类及用途。
2. 简述锉刀的选用方法。
3. 简述平面的锉削方法。
4. 简述曲面的锉削方法。
5. 简述通孔的锉削方法。
6. 简述锉削时的站立姿势。
7. 简述推锉姿势。

二、技能训练

1. 练习锉刀的选用和保养。
2. 练习锉削姿势。
3. 练习锉削平面工件的方法。

三、技能训练中应注意的事项

(1) 锉刀必须装柄使用，以免刺伤手腕。松动的锉刀柄应装紧后再用。

(2) 不准用嘴吹锉屑，也不要用手清除锉屑。当锉刀堵塞后，应用钢丝刷顺着锉纹方向刷去锉屑。

(3) 对铸件上的硬皮或粘砂、锻件上的飞边或毛刺等，应先用砂轮磨去，然后锉削。

(4) 锉削时不准用手摸锉过的表面，因手上有油污，再锉时会打滑。

(5) 锉刀不能作撬棒或敲击工件，防止锉刀折断伤人。

(6) 放置锉刀时，不要使其露出工作台面，以防锉刀跌落伤脚；也不能把锉刀与锉刀叠放或锉刀与量具叠放。

四、项目评价评分表

序号	考核内容	考核要求	配分	评分标准	检测结果	得分
1	实训态度	(1) 不迟到，不早退 (2) 实训态度应端正	10	(1) 迟到一次扣1分 (2) 旷课一次扣5分 (3) 实训态度不端正扣5分		
2	安全文明生产	(1) 正确执行安全技术操作规程 (2) 工作场地应保持整洁 (3) 工件、工具摆放应保持整齐	6	(1) 造成重大事故，按0分处理 (2) 其余违规，每违反一项扣2分		
3	设备、工具、量具的使用	各种设备、工具、量具的使用应符合有关规定	4	(1) 造成重大事故，按0分处理 (2) 其余违规，每违反一项扣1分		
4	操作方法和步骤	操作方法和步骤必须符合要求	30	每违反一项扣1至5分		
5	技术要求	76 ± 0.1	10	超差不得分		
		34 ± 0.1	10	超差不得分		
		8 ± 0.1	10	超差不得分		
		表面粗糙度 $R_a \leqslant 3.2\ \mu m$(6面)	6	超差不得分		
		平行度 0.1 mm(4组)	4	超差不得分		
		平面度 0.1 mm(6面)	6	超差不得分		
		垂直度 0.1 mm(2组)	4	超差不得分		
6	工时	4学时		每超时5分钟扣2分		
7	合　计					

项目六

钻孔、扩孔、锪孔和铰孔

项目情境

孔的钳工加工包括钻孔、扩孔、锪孔、铰孔等。

钻孔是用钻头在工件上加工出孔的粗加工孔的方法。钻孔加工精度一般在 IT10 级以下，表面粗糙度 R_a 为 12.5 μm 左右。钻孔广泛用于各类工件孔的加工。

扩孔是用扩孔钻或麻花钻对已加工出的孔(铸出、锻出或钻出的孔)进行扩大加工的一种方法，它可以校正孔的轴线偏差，并使其获得正确的几何形状和较小的表面粗糙度，其加工精度一般为 IT9～IT10 级，表面粗糙度 $R_a = 3.2～6.3$ μm。扩孔的加工余量一般为 0.2～4 mm。

锪孔是用锪钻或改制的钻头将孔口表面加工成一定形状的孔和平面的加工方法。

铰孔是用铰刀从已经粗加工的孔壁上切除微量金属层，对孔进行精加工，以提高孔的尺寸精度和表面质量的加工方法。铰孔是应用较普遍的孔的精加工方法之一，其加工精度可达 IT9～IT7 级，表面粗糙度 $R_a = 0.8～3.2$ μm。

项目学习目标

	学 习 目 标	学 习 方 式	学 时
技能目标	① 掌握刃磨钻头、修磨钻头、拆装钻头的方法 ② 学会钻孔、扩孔、锪孔和铰孔的方法	教师讲解演示 学生实际操作 教师现场指导	

学 习 目 标		学 习 方 式	学 时
知识目标	① 了解标准麻花钻头的结构要素 ② 了解铰刀的种类 ③ 弄清钻孔时工件的装夹方法	教师讲授理论 现场演示操作	8 课时
情感目标	激发学生学习的兴趣，培养团队协作意识，使学生养成守时、守纪的好习惯，培养学生善于思考、严谨求实、务实创新的精神	在情境中激发 培养学生兴趣	

项目任务分析

本项目通过 5 个任务来实际训练刃磨钻头、修磨钻头、拆装钻头、钻孔、扩孔、锪孔和铰孔的方法。

本项目通过教师在现场边讲解边演示刃磨钻头、修磨钻头、拆装钻头、钻孔、扩孔、锪孔和铰孔的方法，同时学生实际操作来达到实训目的。

项目基本功

任务一　刃磨和修磨钻头

基 本 技 能

一、刃磨钻头

钻头的刃磨直接关系到钻头切削能力的优劣、钻头精度的高低、表面粗糙度的大小等。当钻头磨钝或在不同材料上钻孔要改变切削角度时，必须进行刃磨。

刃磨麻花钻头一般采用手工刃磨的方法，如图 6-1 所示。手工刃磨方法是在砂轮机上进行，一般选择粒度为 F46～F80、硬度为中软级的氧化铝砂轮为宜。砂轮旋转必须平稳，对跳动大的砂轮必须进行修磨，主要刃磨两个主后刀面。

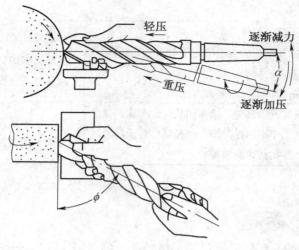

图 6-1　刃磨钻头

刃磨步骤如下：

(1) 刃磨时，右手握住钻头导向部分前端，右手作为定位支点，使其绕轴线转动，使钻头整个后刀面都磨到，并对砂轮施加压力。左手握住钻头的柄部作上下弧形摆动，使钻头磨出正确的后角。

(2) 刃磨时，钻头轴心线和砂轮圆柱母线在水平面内的夹角成 ϕ 角(为钻头顶角的一半)。

(3) 开始刃磨时，钻头轴心线要与砂轮中心水平线一致，主切削刃保持水平，同时用力要轻。随着钻尾向下倾斜，钻头绕其轴线向上逐渐旋转 $15°\sim30°$，使后面磨成一个完整的曲面。旋转时加在砂轮上的力也逐渐增加，返回时压力逐渐减小。刃磨一、二次后，转 $180°$ 后再刃磨另一面。

(4) 两手动作的配合要协调、自然。

(5) 刃磨时，要适时将钻头浸入水中冷却，以防止因过热退火而降低硬度。

二、刃磨的检验

在刃磨过程中，要随时检查角度的正确性和两主切削刃的对称性，通常用样板法检查角度的正确性，用目测法检查两主切削刃的对称性。

1. 样板法检查角度的正确性

钻头的几何角度的正确性可用检验样板进行检查，如图 6-2 所示。

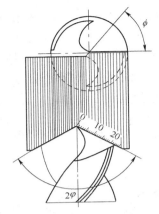

图 6-2 样板法检查角度的正确性

2. 目测法检查两主切削刃的对称性

把钻头竖立在眼前，双目平视两主切削刃，背景要清晰，为了避免视差，应将钻头旋转 180° 后反复观察几次，结果一样，就说明是对称的，如图 6-3 所示。

图 6-3 目测法检查两主切削刃的对称性

三、修磨钻头

1. 修磨横刃

修磨横刃是最基本也是最重要的一种修磨形式，对钻削性能的改善有明显的效果，如图 6-4 所示。

修磨时将横刃的长度 b 磨至原来的 1/3～1/5，以减少轴向抗力和挤刮现象，提高钻头的定心作用和切削的稳定性。同时，在靠近钻心处形成内刃，内刃斜角 $\tau = 20°\sim30°$，内

刃处前角 $\gamma_{0\tau} = 0° \sim -15°$，切削性能得以改善，如图 6-4(a)所示。一般直径在 5 mm 以上的钻头均需修磨横刃，工件材料硬，横刃可少磨去些；工件材料软，横刃可多磨去些。

修磨横刃时，磨削点大致在砂轮水平中心面以上，钻头与砂轮的相对位置如图 6-4(b)所示。钻头与砂轮侧面构成 15° 角(向左偏)，与砂轮中心面约构成 55° 角。刃磨开始时，钻头刃背与砂轮圆角接触，磨削点逐渐向钻心处移动，直至磨出内刃前面。修磨中，钻头略有转动，磨削量由大到小。当磨至钻心处时，应保证内刃前角、内刃斜角、横刃长度准确。磨削动作要轻，防止刀口退火或钻心过薄。

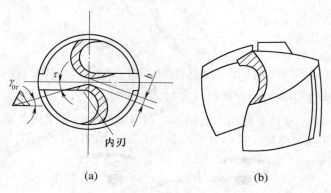

(a)   (b)

图 6-4　修磨横刃

2．修磨主切削刃

修磨主切削刃主要是磨出第二顶角 $2\varphi_0$(70° ～75°)，如图 6-5 所示。在钻头外缘处磨出过渡刃($f_0 = 0.2D$)，以增大外缘处的刀尖角，改善散热条件，增加刀齿强度，提高切削刃与棱边交角处的耐磨性，延长钻头耐用度，减少孔壁的残留面，有利于减小孔的粗糙度。

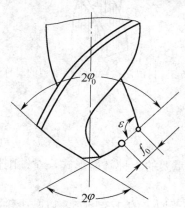

图 6-5　修磨主切削刃

3．修磨棱边(见图 6-6)

在靠近主切削刃的一段棱边上，磨出副后角 $\alpha_1 = 6° \sim 8°$，并保留棱边宽度为原来的 $1/3 \sim 1/2$，以减少对孔壁的摩擦，提高钻头耐用度。

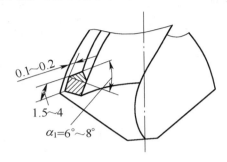

图 6-6 修磨棱边

4．修磨前刀面(见图 6-7)

适当修磨钻头主切削刃和副切削刃交角处前刀面，可以减小此处的前角，提高刀齿的强度，钻削黄铜时，可以避免"扎刀"现象。

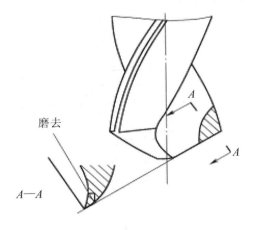

图 6-7 修磨前刀面

5．修磨分屑槽(见图 6-8)

在后刀面或前刀面上磨出几条相互错开的分屑槽，使切屑变窄，以利排屑。直径大于 15 mm 的钻头都可磨出分屑槽。

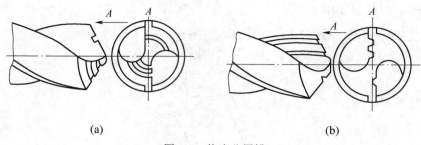

(a)

(b)

图 6-8　修磨分屑槽

四、装拆钻头

1．装拆直柄钻头

安装直径小于 13 mm 的直柄钻头时，在钻夹头中夹持钻头，钻头伸入钻夹头中的长度不小于 15 mm，通过钻夹头上的三个小孔来转动钻夹头上的钥匙，使三个卡爪缩进，将钻头夹紧。

拆卸直柄钻头时，通过钻夹头上的三个小孔来转动钻夹头上的钥匙，使三个卡爪伸出至与三个卡爪头下端平齐，将钻头松开，钻头自然落下，如图 6-9 所示。

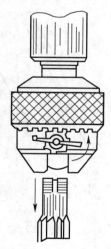

图 6-9　装拆直柄钻头

2．装拆锥柄钻头

安装直径大于 13 mm 的锥柄钻头时，用柄部的莫氏锥体直接与钻床主轴的内莫氏锥度相连。较小的钻头不能与钻床主轴的内莫氏锥度相连，必须使用相应的钻套与其连接起来才能进行钻孔工作。每个钻套上端有一扁尾，套筒内腔和主轴锥孔上端均有一扁槽。安装钻夹头的方法如图6-10所示，先选好钻头或钻夹套的扁尾沿锥孔方向，然后利用加速冲击力一次装入扁槽中，以传递转矩，使钻头顺利切削。

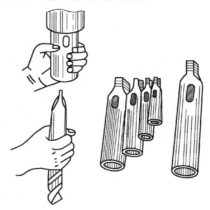

图 6-10　装拆钻夹头

拆卸锥柄钻头时，将斜铁插入套筒或主轴上锥孔的扁槽内，但斜铁带圆弧的一边放在上面，用锤子敲击斜铁，钻头与主轴就可分离，如图6-11所示。

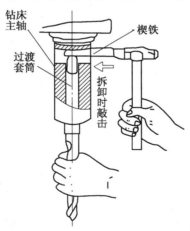

图 6-11　装拆锥柄钻头

基 本 知 识

1. 常用钻孔设备和工具见表6-1。

表 6-1　常用孔加工设备和工具

序号	名称	图　示	说　明
1 钻床	台式钻床		简称台钻，它小巧灵活，使用方便，结构简单，主要用于加工小型工件上 $d \leqslant 12$ mm 的各种小孔。钻孔时只要拨动进给手柄使主轴上下移动，就可实现进给和退刀
	立式钻床		简称立钻，与台钻相比，它刚性好、功率大，因而允许钻削较大的孔，生产率较高，加工精度也较高。立钻适用于单件、小批量生产中加工中、小型零件的孔
	摇臂钻床		它有一个能绕立柱旋转的摇臂，摇臂带着主轴箱可沿立柱垂直移动，同时主轴箱还能在摇臂上作横向移动。因此操作时能很方便地调整刀具的位置，以对准被加工孔的中心，而不需移动工件来进行加工。摇臂钻床适用于一些笨重的大工件以及多孔工件的孔加工

序号	名称	图 示	说 明
2	钻头	切削部分　导向部分　颈部　锥柄　扁尾　工作部分　工作部分　切削部分　直柄　主切削刃　后面　横刃　前面　副切削刃　副后面	(1) 柄部：钻头的夹持部分，起传递动力的作用。柄部有直柄和锥柄两种：直柄传递扭矩较小，一般用在直径不大于13 mm 的钻头上；锥柄可传递较大扭矩，用在直径大于13 mm 的钻头上 (2) 颈部：砂轮磨制钻头时供砂轮退刀使用，钻头的直径大小等一般也刻在颈部上 (3) 工作部分：包括导向部分和切削部分。导向部分有两条螺旋槽和两条狭长的螺旋形棱边与螺旋槽表面相交成两条棱刃。棱边的作用是引导钻头和修光孔壁；两条对称螺旋槽的作用是排除切屑和输送切削液。切削部分由两条主切削刃、一条横刃、两个前面和两个后面等组成
3	钻夹头	松	用于装夹 13 mm 以内的直柄钻头。钻夹头柄部是圆锥面，可与钻床主轴内孔配合安装；头部三个爪可通过紧固扳手转动使其同时张开或合拢
4	普通钻头套		用于装夹锥柄钻头。钻套一端孔安装钻头，另一端外锥面接钻床主轴内锥孔

序号	名称	图 示	说 明
5	快换钻头套		换刀时，只要将滑套向上提起，钢珠受离心力的作用而贴于滑套端部的大孔表面，使换套筒不再受钢珠的卡阻，此时另一只手可把装有刀具的可换钻套取出，然后再把另一个装有刀具的可换钻套装上去。放下滑套，两粒钢珠重新卡入夹头体一起转动。这样可大大减少换刀的时间

2. 标准麻花钻头的结构要素见表 6-2。

表 6-2 标准麻花钻头的结构要素

序号	名称	图 示	说 明
1	顶角 2φ		钻头两主切削刃在其平面 $M\text{-}M$ 上的投影所夹的角。标准麻花钻的顶角 2φ 为 $118° \pm 2°$
2	后角 α_f		后面与切削平面之间的夹角
3	横刃斜角 ψ		横刃与主切削刃在垂直于钻头轴线平面上投影所夹的角。标准麻花钻的横刃斜角 ψ 为 $50° \sim 55°$
4	前角 γ_0		主切削刃上任意前角是这一点的基面与前面之间的夹角
5	副后角		副切削刃上副后面与孔壁切线之间的夹角。标准麻花钻的副后角为 $0°$
6	螺旋角 β		主切削刃上最外缘处螺旋线的切线与钻头轴心线之间的夹角。当钻头直径大于 10 mm 时，$\beta = 30°$；当钻头直径小于 10 mm，$\beta = 18° \sim 30°$

3. 通用麻花钻的主要几何参数见表6-3。

表6-3 通用麻花钻的主要几何参数

钻头直径 d/mm	螺旋角/(°)	后角/(°)	顶角/(°)	横刃斜角/(°)
0.36～0.49	20	26		
0.50～0.70	22	24		
0.72～0.98	23	24		
1.00～1.95	24	22		
2.00～2.65	25	20		
2.70～3.30	26	18		
3.40～4.70	27	16	118	40～60
4.80～6.70	28	16		
6.80～7.50	29	16		
7.60～8.50	29	14		
8.60～18.00	30	12		
18.25～23.00	30	10		
23.25～100	30	8		

4. 加工不同材料时麻花钻头的几何角度见表6-4。

表6-4 加工不同材料时麻花钻头的几何角度

加工材料	螺旋角/(°)	后角/(°)	顶角/(°)	横刃斜角/(°)
一般材料	20～32	12～15	116～118	35～45
一般硬材料	20～32	6～9	116～118	25～35
铝合金(通孔)	17～20	12	90～120	35～45
铝合金(深孔)	32～45	2	118～130	35～45
软黄铜和青铜	10～30	12～15	118	35～45
硬青铜	10～30	5～7	118	25～35

基 本 技 能

一、任务引入

在尺寸为 76 mm × 34 mm × 8 mm 的 45 钢钢板上钻孔 1、2,达到如图 6-12 所示的要求。

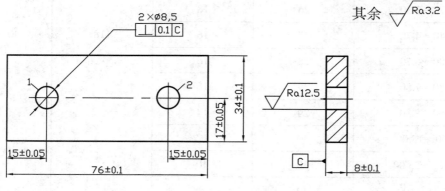

图 6-12 钻孔练习图样

二、任务实施

1. 做好准备工作。

(1) 按样图划钻孔位置线,并打好样冲眼。

(2) 在平口钳上夹好工件。

(3) 选好钻头,并安装好。

(4) 选择切削用量。

切削用量是切削加工过程中切削速度、进给量和背吃刀量的总称,可查有关手册确定。

(5) 选择并打开冷却液。

① 钻削钢件时常用的冷却液是机油或乳化液。

② 钻削铝件时常用的冷却液是乳化液或煤油。

③ 钻削铸铁时常用的冷却液则是用煤油。

2．钻孔。

(1) 钻孔 1，并达到如图 6-12 所示的要求。

① 起钻时，先使钻头对准样冲中心钻出一个浅坑，观察钻孔位置是否正确，通过不断找正使浅坑与钻孔中心同轴。

② 钻通孔时，当孔将被钻透时，要减小进刀量。

③ 钻不通孔时，可按钻孔深度调整挡块，并通过测量实际尺寸来控制孔的深度。

④ 钻深孔时，一般钻进深度达到直径的 3 倍时，钻头要退出排屑，以后每钻一定深度，钻头即退出排屑一次，以免扭断钻头。

⑤ 钻削大于 $\phi 30$ mm 的孔时应分两次进行，第一次先钻一个直径为所需加工孔径的 0.5～0.7 的孔，第二次用钻头将孔扩大到所要求的直径。

(2) 钻孔 2，并达到如图 6-12 所示的要求。

3．清理现场。

钻削结束后应去毛刺，并将工量具收好，做好现场清洁工作。

基 本 知 识

1. 钻孔时工件的装夹方法见表 6-5。

表 6-5 钻孔时工件的装夹方法

序号	方法	图 示	说 明
1	用平口钳装夹工件		平整的工件可用平口钳装夹，装夹时，应使工件表面与钻头垂直，而当钻孔直径大于 8 mm 时，将平口钳用螺栓压板固定。用平口钳夹持工件钻孔时，工件底部应垫上垫铁，空出落钻部位，以免钻伤台平口钳
2	用 V 形块装夹工件		圆柱形工件可用 V 形块装夹，但必须使钻头轴心线与 V 形铁的两斜面的对称平面重合，并要牢牢夹紧

序号	方法	图 示	说 明
3	用压板装夹工件		大的工件可用压板螺钉装夹,拧紧时应先将每个螺钉预紧一遍,然后再拧紧,以免工件产生位移或变形
4	用角铁装夹工件		底面不平或加工基准在侧面的工件可用角铁装夹,角铁必须用压板固定在钻床工作台上
5	用卡盘装夹工件		对圆柱形工件端面钻孔,可用三爪卡盘装夹

2. 麻花钻钻孔时常见问题和防止方法见表6-6。

表6-6　麻花钻钻孔时常见问题和防止方法

序号	常见问题	产生原因	防止方法
1	孔径增大、误差大	(1) 钻头左右切削刃不对称、摆动大 (2) 钻头横刃太长 (3) 钻头刃口崩刃 (4) 钻头刃带上有积屑瘤 (5) 钻头弯曲 (6) 进给量太大 (7) 钻床主轴摆动太大或松动	(1) 刃磨时要保证钻头左右切削刃对称、摆动在允许范围 (2) 修磨横刃,使其符合要求 (3) 更换钻头 (4) 用油石修整钻头刃 (5) 校正或更换 (6) 减小进给量 (7) 调整或维修钻床

序号	常见问题	产 生 原 因	防 止 方 法
2	孔径小	钻头刃带严重磨损	更换钻头
3	钻孔位置偏移或歪斜	(1) 工件安装不正确，工件表面与钻头不垂直 (2) 钻头横刃太长，引起定心不良，起钻过偏而没有校正 (3) 钻床主轴与工作台不垂直 (4) 进刀过于急躁，未试钻，未找正 (5) 工件紧固不牢，引起工件松动，或工件有砂眼 (6) 工件划线不正确 (7) 安装工件时，接触面上的切屑未清除干净	(1) 要正确安装工件和钻头 (2) 修磨横刃，使其符合要求 (3) 调整钻床主轴 (4) 进刀时一定要试钻并找正 (5) 工件要紧固 (6) 工件划线后一定要校对 (7) 安装接触面上的切屑要清除干净
4	孔壁粗糙	(1) 钻头已磨钝 (2) 后角太大 (3) 进给量太大 (4) 切削液选择不当或供应不足 (5) 钻头过短、排屑槽堵塞	(1) 将钻头磨锋利 (2) 后角选用要合适 (3) 减小进给量 (4) 切削液选择要适当，并且供应要足 (5) 更换钻头
5	钻头工作部分折断	(1) 用磨钝的钻头钻孔 (2) 进刀量太大 (3) 切屑堵塞 (4) 钻孔快穿通时，未减小进给量 (5) 工件松动 (6) 钻薄板或铜料时未修磨钻头，钻头后角太大，前角又没有修磨小造成扎刀 (7) 钻孔已偏斜而强行校正 (8) 钻削铸铁时，遇到缩孔 (9) 切削液选择不当或供应不足	(1) 将钻头磨锋利 (2) 减小进给量和切削速度 (3) 排屑要通畅 (4) 钻孔快穿通时，要减小进给量 (5) 工件要夹紧 (6) 要选合适的钻头 (7) 起钻时一定要校正钻孔 (8) 对估计有缩孔的铸件要减小进给量 (9) 切削液选择要适当，并且供应要足

基 本 技 能

一、任务引入

在尺寸为 76 mm × 44 mm × 8 mm 的 45 钢钢板上钻直径为 34 mm 的孔,达到如图 6-13 所示的要求。

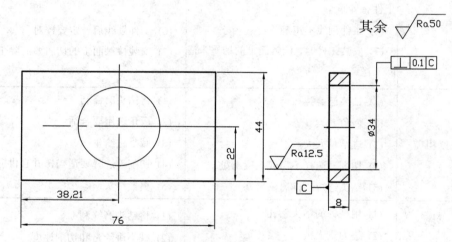

图 6-13 扩孔练习图样

二、任务实施

1. 做好准备工作。

(1) 按样图划钻孔位置线,并打好样冲眼。

(2) 在平口钳上夹好工件。

(3) 选好钻头,并安装好。

(4) 选择切削用量。

切削用量是切削加工过程中切削速度、进给量和背吃刀量的总称,可查有关手册确定。

(5) 选择并打开冷却液。

① 钻削钢件时常用的冷却液是机油或乳化液。

② 钻削铝件时常用的冷却液是乳化液或煤油。

③ 钻削铸铁时常用的冷却液则是煤油。

2. 钻 ϕ20 mm 的孔。

钻削大于 ϕ30 mm 的孔时应分两次进行，第一次先钻一个直径为所需加工孔径的 0.5～0.7 的孔；第二次用钻头将孔扩大到所要求的直径。

3. 扩孔，并达到如图 6-13 所示的要求。

4. 清理现场。

钻削结束后，应去毛刺，并将工量具收好，做好现场的清洁工作。

基 本 知 识

1. 扩孔的方法见表 6-7。

表 6-7 扩 孔 的 方 法

序号	方法	图　示	说　明
1	用麻花钻扩孔		(1) 常将修磨的麻花钻当扩孔钻使用 (2) 钻削大于 ϕ30 mm 的孔时，先钻一个直径为所需加工孔径的 0.5～0.7 的孔，扩孔时，切削速度约为钻孔的 1/2，进给量约为钻孔的 1.5～2 倍
2	用扩孔钻扩孔		(1) 大批量扩孔用扩孔钻加工 (2) 钻孔后，在不改变工件和机床主轴相互位置的情况下，立即换上扩孔钻进行扩孔 (3) 对铸铁、锻件的扩孔，可先用镗刀镗出一段直径与扩孔钻相同的导向孔，这样可使扩孔钻在一开始就有较好的导向，而不致随原有不正确的孔偏斜 (4) 也可用钻套导向进行扩孔

2. 扩孔、钻扩孔时常见问题和防止方法见表 6-8。

表 6-8　扩孔、钻扩孔时常见问题和防止方法

序号	常见问题	产 生 原 因	防 止 方 法
1	孔的位置精度超差	(1) 导向套配合间隙太大 (2) 主轴与导向套同轴度误差大 (3) 主轴轴承松动	(1) 调整导向套配合间隙 (2) 校正机床与导向套位置，使其同轴度在规定范围 (3) 调整主轴轴承间隙
2	孔表面粗糙	(1) 切削用量过大 (2) 切削液选择不当或供应不足 (3) 扩孔钻过度磨损	(1) 适当降低切削用量 (2) 切削液选择要适当，并且供应要足 (3) 更换钻头
3	孔径增大	(1) 扩孔钻切削刃摆差大 (2) 扩孔钻崩刃 (3) 扩孔钻刃带上有切屑瘤 (4) 安装扩孔钻时，锥柄表面未清理干净	(1) 刃磨时要保证扩孔钻切削刃摆差在规定的范围 (2) 更换扩孔钻 (3) 用油石修磨 (4) 安装扩孔钻时，锥柄表面必须清理干净

任务四　锪　孔

基 本 技 能

一、任务引入

在图 6-12 所示的钢板上锪孔 2，达到如图 6-14 所示的要求。

二、任务实施

1. 做好准备工作。

(1) 在平口钳上夹好工件。

(2) 选好钻头，并安装好。

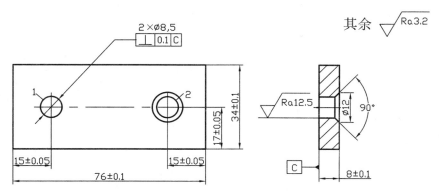

图 6-14 锪孔练习图样

(3) 选择切削用量。

切削用量是切削加工过程中切削速度、进给量和背吃刀量的总称，可查有关手册确定。

(4) 选择并打开冷却液。

2．锪孔，并达到如图 6-14 的要求。

3．清理现场。

钻削结束后，应去毛刺，并将工量具收好，做好现场的清洁工作。

基 本 知 识

1. 锪孔的工具见表 6-9。

表 6-9 锪孔的工具

序号	名称	图　　　示	说　　　明
1	柱形锪孔钻头		(1) 用于锪柱形埋头孔 (2) 由端面切削刃(主切削刃)、外圆切削刃(副切削刃)和导柱等组成 (3) 也可由麻花钻改制而成

序号	名称	图　示	说　明
2	锥形锪孔钻头		(1) 用于锪圆锥孔 (2) 其锥角多为 90°，有 4～12 个齿
			(3) 可由麻花钻改制而成
3	端面锪孔钻头		(1) 用于锪平孔端面 (2) 其端面刀齿为切削刃，前端导柱用于定心、导向，以保证加工后的端面与孔中心线垂直

2. 锪孔方法见表 6-10。

表 6-10 锪孔方法

序号	方法	图 示	说 明
1	圆锥孔的锪削	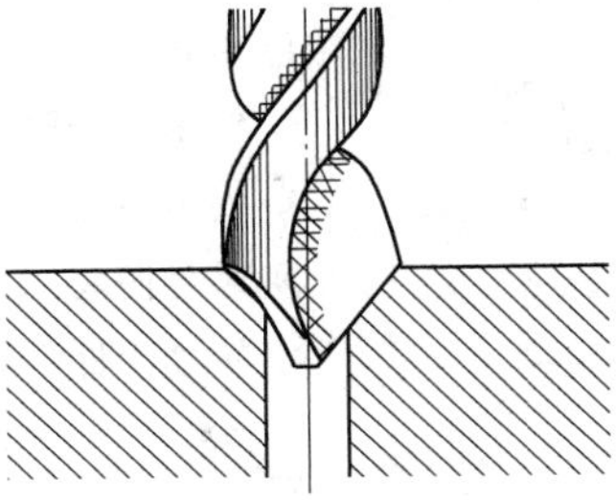	(1) 用麻花钻改制钻头锪锥孔： ① 钻出符合要求的孔； ② 用麻花钻改制的钻头锪出如图所示的锥孔
		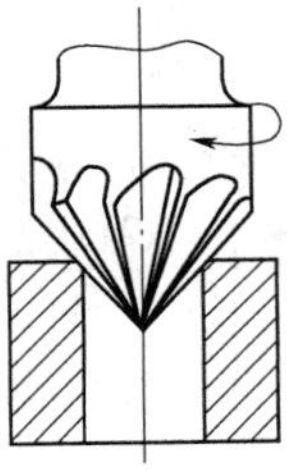	(2) 用锥形锪孔钻头锪锥孔： ① 钻出符合要求的孔； ② 用专用的锥形锪孔钻头锪出如图所示的锥孔
2	柱形埋头孔的锪削	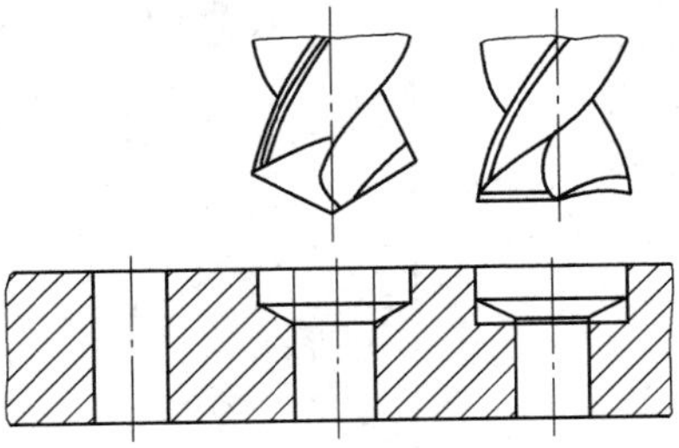	(1) 用麻花钻改制钻头锪柱形埋头孔： ① 钻出台阶孔作导向； ② 将麻花钻改制成不带导柱的柱形锪孔钻头，锪出如图所示的埋头孔
		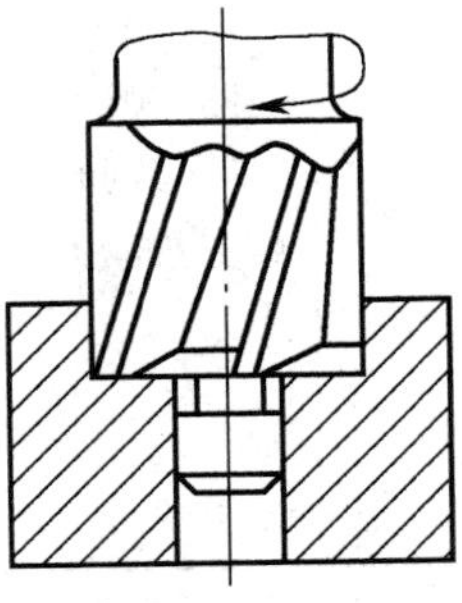	(2) 用柱形锪孔钻头锪柱形埋头孔： ① 钻出台阶孔作导向； ② 用柱形锪孔钻头，锪出如图所示埋头孔

序号	方法	图　示	说　明
3	孔端面的锪削		(1) 孔的大平面的锪削： ① 钻出符合要求的孔； ② 安装锪刀的刀片； ③ 装导向套； ④ 转动刀杆，便可锪削孔的大平面
			(2) 孔的小平面的锪削： ① 钻出符合要求的孔； ② 安装锪刀的刀片； ③ 装导向轴； ④ 转动刀杆，便可锪削孔的小平面
			(3) 孔下端面的锪削： ① 钻出符合要求的孔； ② 先将刀杆插入工件孔内，然后用螺钉拧紧刀片，进行锪削

3. 锪孔时常见问题和防止方法见表6-11。

表 6-11　锪孔时常见问题和防止方法

序号	常见问题	产生原因	防止方法
1	表面粗糙度差	(1) 锪孔钻头磨损 (2) 切削液选用不当	(1) 刃磨锪钻 (2) 更换成合适的切削液
2	平面呈凹凸形	锪钻切削刃与刀杆旋转轴线不垂直	正确刃磨和安装锪钻
3	锥面、平面呈多角形	(1) 切削液选用不当 (2) 切削速度太高 (3) 工件或锪钻装夹不牢固 (4) 锪钻前角太大，有扎刀现象	(1) 更换成合适的切削液 (2) 选用合适的切削速度 (3) 装牢锪钻 (4) 正确刃磨锪钻

任务五　铰　孔

基 本 技 能

一、任务引入

在如图6-14工件上铰孔2，达到图6-15的要求。

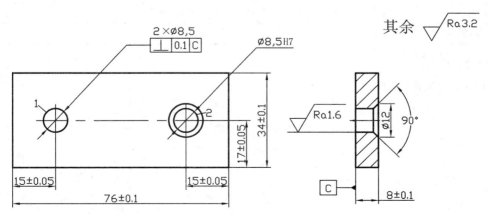

图 6-15　铰孔练习图样

二、任务实施

1. 做好准备工作。

(1) 在平口钳上夹好工件。

(2) 选好铰刀，并安装好。

① 铰刀的直径的基本尺寸 = 被加工孔的基本尺寸；

② 上偏差 = 2/3 被加工孔的公差；

③ 下偏差 = 1/3 被加工孔的公差。

(3) 选择切削用量。

切削用量是切削加工过程中切削速度、进给量和背吃刀量的总称，可查有关手册确定。铰削余量如表 6-12 所示。

表 6-12　铰削余量的选择表　　　　　　　　　　(mm)

铰孔直径	< 5	5～20	21～32	33～50
铰孔余量	0.1～0.2	0.2～0.3	0.3	0.5

(4) 选择并打开切削液(见表 6-13)。

表 6-13　切削液的选用对照表

加工材料	切　削　液
铜	乳化液
铝	煤油
钢	(1) 10%～20%乳化液； (2) 铰孔要求高时，用 30%的菜油和 70%的肥皂水； (3) 铰孔要求更高时，用菜籽油、柴油和猪油等
铸铁	一般不用

2. 铰孔。

(1) 起铰(见图 6-16)。

图 6-16　手工起铰

手工起铰时，可用右手沿铰刀轴线方向加压，左手转动 2~3 圈。

(2) 正常铰孔时，两手用力要均匀，铰杠要放平，旋转速度要均匀、平稳，不得摇动铰刀(见图 6-17)。

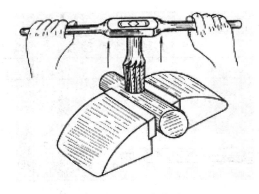

图 6-17　正常铰孔

(3) 退刀。

退刀时，不许反转铰刀，应按切削方向旋转向上提刀，以免刃口磨钝和切屑嵌入刀具后面与孔壁间而将孔壁划伤。

(4) 排屑(见图 6-18)。

铰孔时必须常取出铰刀，用毛刷清屑，以防止切屑黏附在切削刃上，划伤孔壁。

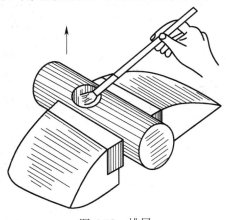

图 6-18　排屑

3．清理现场。

铰削结束后，应去毛刺，并将工量具收好，做好现场的清洁工作。

基 本 知 识

1. 铰刀的种类见表 6-14。

表 6-14 铰刀的种类

序号	名称	图 示	说 明
1	整体圆柱铰刀	(a) (b)	(1) 用于铰制标准系列的孔 (2) 由工作部分、颈部和柄部组成。工作部分包括引导部分、切削部分和校准部分。引导部分(l_1)的作用是便于铰刀开始铰削时放入孔中，并保护切削刃。切削部分(l_2)的作用是承受主切削力。校准部分(l_3)的作用是引导铰孔方向和校准孔的尺寸 (3) 颈部在磨制铰刀时起退刀作用 (4) 柄部的作用是装夹工件和传递转矩。直柄和锥柄用于机用铰刀，而直柄带方榫用于手用铰刀
2	可调手铰刀	刀体 刀条　　调节螺母	(1) 在单件生产和修配工作中用于铰削非标准的孔 (2) 刀体一般用 45#钢制作，直径小于或等于 12.75 mm 的刀条用合金钢制成，而直径大于 12.75 mm 的刀条用高速钢制成 (3) 刀体上开有六条斜底槽，具有相同斜度的刀齿条嵌在槽内，并用两端螺母压紧，固定刀齿条 (4) 调节两螺母可使铰刀齿条在槽中沿着斜槽移动，从而改变铰刀直径 (5) 标准可调手铰刀的直径范围为 6～54 mm
3	螺旋槽手铰刀		(1) 用于铰削带有键槽的圆柱孔 (2) 螺旋槽方向一般为左旋,这样可避免铰削时因铰刀顺时针转动而产生的自动旋进的现象,左旋的切削刃还能将铰下的切屑推出孔外

2. 铰孔时常见问题和防止方法见表 6-15。

表 6-15 铰孔时常见问题和防止方法

序号	常见问题	产 生 原 因	防 止 方 法
1	孔径过大	(1) 选错了铰刀 (2) 手工铰孔时两手用力不均匀,使铰刀晃动 (3) 铰锥孔时,未常用锥销试配、检查 (4) 机铰时铰刀与孔轴线不重合,铰刀偏摆过大 (5) 切削速度过高	(1) 更换铰刀 (2) 手工铰孔时,两手用力要平衡,旋转的速度要均匀,铰杠不得有摆动 (3) 铰削时要经常用相配的锥销来检验铰孔尺寸 (4) 机铰时铰刀与孔轴线要调整重合 (5) 应合理选用切削速度
2	孔径过小	(1) 铰刀磨钝 (2) 铰削铸铁时加煤油,造成孔的收缩	(1) 刃磨铰刀 (2) 铰削铸铁时不允许用煤油作切削液
3	内孔不圆	(1) 铰刀过长,刚性不足,铰削产生震动 (2) 铰刀主偏角过小 (3) 铰孔余量偏,不对称 (4) 铰刀刃带窄	(1) 安装铰刀时应采用刚性连接 (2) 增大主偏角 (3) 铰孔余量要正、对称 (4) 更换合适的铰刀
4	内孔表面粗糙	(1) 铰削余量不均匀或太小,局部表面未铰到 (2) 铰刀切削部分摆差超差,刃口不锋利,表面粗糙 (3) 切削速度太高 (4) 切削液选的不合适 (5) 铰孔排屑不良	(1) 提高铰孔前底孔的位置精度和质量,或增加铰孔余量 (2) 更换合格的铰刀 (3) 选用合适的切削速度 (4) 要选用合适的切削液 (5) 改善排屑方法

项目评价

一、思考题

1. 简述钻头的刃磨和修磨方法。
2. 简述装拆钻头的方法。

3．简述铰刀的种类。

4．简述钻孔时工件的装夹方法。

5．简述钻、扩、锪、铰孔的方法。

二、技能训练

1．练习钻孔和扩孔。

2．练习锪孔。

3．练习铰孔。

4．练习钻头的刃磨和修磨。

三、技能训练中应注意的事项

(一) 钻孔中应注意的事项

1．样冲眼要打正。

2．在钻孔时，不允许戴手套操作。

3．钻孔时，身体不要距离主轴太近。

4．夹紧面要平整清洁，工件要装夹牢固。

5．装卸钻头时要用专用钥匙，不可用扁铁敲击。

6．钻头用钝后要及时修磨。

(二) 锪孔中应注意的事项

1．锪孔时不允许戴手套。

2．锪孔切削速度应比钻孔时低，一般为钻孔速度的 $1/3 \sim 1/2$。

3．当锪孔表面出现多角形振纹时，应停止加工，及时对钻头切削刃进行刃磨。

4．锪孔时刀具容易震动，特别是使用麻花钻改制的锪钻，使锪端面或锥面产生震痕，影响锪削质量，所以要适当减小后角和外缘处前角，使两切削刃对称，保持平稳。

5．锪钻的刀杆和刀片装夹要牢固，工件要夹稳。

6．锪钢件时，要在导柱和切削表面加机油或牛油润滑。

(三) 铰孔中应注意的事项

1．工件要夹正，夹紧力要适当，以防止工件变形。

2．手工铰孔时，两手用力要平衡，旋转的速度要均匀，铰杠不得有摆动。

3．铰削进给时，不要用过大的力压铰杠，而应随着铰刀旋转轻轻地加压，使铰刀缓慢地进入孔内，并均匀进给，以保证孔的加工质量。

4．要注意变换铰刀每次停歇的位置，以消除铰刀在同一处停歇所造成的震痕。

5．铰刀在铰削时或退刀时都不允许反转，否则会拉毛孔壁，甚至使铰刀崩刃。

6．铰削定位孔时，两配合零件应位置正确，铰削时要经常用相配的锥销检验铰孔尺寸，以防止将孔铰深。

7．机铰时，要注意机床主轴、铰刀和工件孔三者同轴度是否符合要求。

8．机铰时，开始采用手动进给，当铰刀切削部分进入孔内后，再改用自动进给。

9．机铰盲孔时，应经常退刀，清除刀齿和孔内的切屑，以防止切屑刮伤孔壁。

10．机铰通孔时，铰刀校准部分不能全部铰出，以免将孔的出口处刮坏。

11．在铰削过程中，必须注足切削液。

12．机铰结束后，铰刀应退出孔外后再停机，否则会拉伤孔壁。

四、项目评价评分表

序号	考核内容	考核要求	配分	评分标准	检测结果	得分
1	实训态度	(1) 不迟到，不早退 (2) 实训态度应端正	10	(1) 迟到一次扣1分 (2) 旷课一次扣5分 (3) 实训态度不端正扣5分		
2	安全文明生产	(1) 正确执行安全技术操作规程 (2) 工作场地应保持整洁 (3) 工件、工具摆放应保持整齐	6	(1) 造成重大事故，按0分处理 (2) 其余违规，每违反一项扣2分		
3	设备、工具、量具的使用	各种设备、工具、量具的使用应符合有关规定	4	(1) 造成重大事故，按0分处理 (2) 其余违规，每违反一项扣1分		
4	操作方法和步骤	操作方法和步骤必须符合要求	30	每违反一项扣1至5分		
5	技术要求	符合图纸要求	50	超差不得分		
6	工时	8学时		每超时5分钟扣2分		
7		合　计				

项目七

攻丝和套丝

项目情境

　　攻丝(或称攻螺纹)是利用丝锥在已加工出的孔的内圆柱面上加工出内螺纹的一种加工内螺纹的方法，广泛用于钳工装配中。

　　套丝(或称套螺纹)是钳工利用板牙在圆柱杆上加工外螺纹的一种加工螺纹的方法。

项目学习目标

	学 习 目 标	学 习 方 式	学 时
技能目标	① 掌握攻丝的方法 ② 掌握套丝的方法	教师讲解演示 学生实际操作 教师现场指导	
知识目标	① 了解常用的攻丝工具的作用 ② 了解常用的套丝工具的作用 ③ 弄清攻丝和套丝时常见问题及防止方法	教师讲授理论 现场演示操作	4 课时
情感目标	激发学生的学习兴趣，培养团队协作意识，使学生养成守时、守纪的好习惯，培养学生善于思考、严谨求实、务实创新的精神	在情境中激发 培养学生兴趣	

项目任务分析

本项目通过 2 个任务来实际训练攻丝和套丝的方法。

本项目通过教师在现场边讲解边演示攻丝和套丝的方法，同时学生实际操作来达到实训目的。

项目基本功

任务一 攻 丝

基 本 技 能

一、任务引入

对孔 1 进行手工攻丝，达到如图 7-1 所示要求。

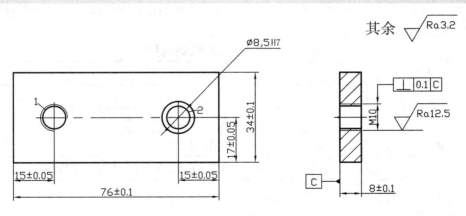

图 7-1 攻丝练习图样

二、任务实施

1. 做好准备工作。

(1) 确定底孔直径。

底孔的直径可查手册或按下面的经验公式计算：

① 对于在脆性材料(如铸铁、黄铜、青铜等)上攻普通螺纹时，钻头直径

$$D_0 = D - 1.1P$$

式中，D 为螺纹外径；P 为螺距。

② 对于在塑性材料(如钢、可锻铸铁、纯铜等)上攻普通螺纹时，钻孔直径为

$$D_0 = D - P$$

(2) 确定钻孔深度。

攻不通孔(盲孔)的螺纹时，因丝锥不能攻到底，所以孔的深度要大于螺纹的长度，盲孔的深度可按下面的公式计算：

$$盲孔的深度 = 所需螺纹的深度 + 0.7D$$

式中，D 为螺纹外径。

(3) 按样图划钻孔位置线，并打好样冲眼。

(4) 在虎钳上夹好工件。

(5) 选好钻头，并安装好。

(6) 选择切削用量。

切削用量是切削加工过程中切削速度、进给量和背吃刀量的总称，可查有关手册确定。

(7) 选择并添加切削液。

攻丝时合理选择适当的切削液，可以有效提高螺纹精度、降低螺纹的表面粗糙度。具体选择切削液的方法参见表 7-1。

表 7-1　攻丝时切削液的选用

零件材料	切 削 液
结构钢、合金钢	乳化液
铸铁	煤油、75％煤油+25％植物油
铜	机械油、硫化油、75％煤油+25％矿物油
铝	50％煤油+50％机械油、85％煤油+15％亚麻油、煤油、松节油

(8) 钻孔 1，达到如图 6-12 所示的要求。

(9) 钻孔 2，达到如图 6-12 所示的要求。

(10) 锪孔 2，达到如图 6-14 所示的要求。

(11) 铰孔 2，达到如图 6-15 所示的要求。

2. 对孔 1 进行攻丝。

(1) 选择好丝锥。

根据工件上螺纹孔的规格，正确选择丝锥，先头锥后二锥，不可颠倒使用。

(2) 用头锥起攻。

起攻时，可用一手掌按住铰杠中部，沿丝锥轴线用力加压，另一手配合作顺向旋转，如图 7-2 所示。

(3) 检查丝锥垂直度。

当旋入 1～2 圈后，要检查丝锥是否与孔端面垂直，如果发现不垂直，应立即校正至垂直，如图 7-3 所示。

图 7-2　用头锥起攻

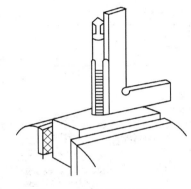

图 7-3　检查丝锥垂直度

(4) 用头锥正常攻丝。

当切削部分已切入工件后，每转 1/2～1 圈应反转 1/4 圈～1/2 圈，以便切屑碎断和排出；同时不能再施加压力，以免丝锥崩牙或攻出的螺纹齿较瘦，如图 7-4 所示。

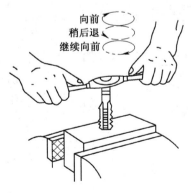

图 7-4　用头锥正常攻丝

(5) 用二、三锥攻丝。

攻丝时，必须按头锥、二锥和三锥的顺序攻至标准尺寸。在较硬的材料上攻丝时，可轮换各丝锥交替攻丝，以减小切削部分的负荷，防止丝锥折断。

3．清理现场。

攻丝结束后，应去毛刺，并将工量具收好，做好现场的清洁工作。

基 本 知 识

1．常用的攻丝工具见表7-2。

表7-2　常用的攻丝工具

序号	名称	图　　示	说　　明
1	丝锥	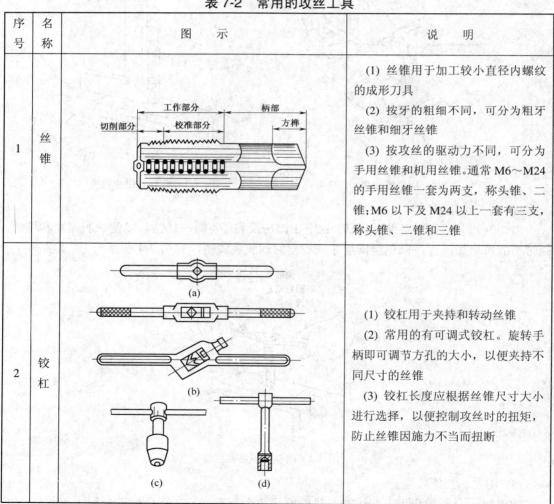	(1) 丝锥用于加工较小直径内螺纹的成形刀具 (2) 按牙的粗细不同，可分为粗牙丝锥和细牙丝锥 (3) 按攻丝的驱动力不同，可分为手用丝锥和机用丝锥。通常 M6～M24 的手用丝锥一套为两支，称头锥、二锥；M6 以下及 M24 以上一套有三支，称头锥、二锥和三锥
2	铰杠		(1) 铰杠用于夹持和转动丝锥 (2) 常用的有可调式铰杠。旋转手柄即可调节方孔的大小，以便夹持不同尺寸的丝锥 (3) 铰杠长度应根据丝锥尺寸大小进行选择，以便控制攻丝时的扭矩，防止丝锥因施力不当而扭断

2. 攻丝时常见问题及防止方法见表 7-3。

表 7-3　攻丝时常见问题及防止方法

序号	常见问题	产生原因	防止方法
1	螺纹牙深不够	(1) 攻丝前底孔直径过大 (2) 丝锥磨损	(1) 应正确计算底孔直径并正确钻出底孔 (2) 修磨丝锥
2	螺纹烂牙	(1) 螺纹底孔直径太小，丝锥攻不进，孔口烂牙 (2) 手攻时，绞杠掌握不正，丝锥左右摇摆，造成烂牙 (3) 交替使用头锥、二锥时，未先用手将丝锥旋入，造成头锥、二锥不重合 (4) 丝锥未经常倒转，切屑堵塞把螺纹啃伤 (5) 攻不通孔螺纹时，丝锥到底后仍继续扳旋丝锥 (6) 用绞杠带着退出丝锥 (7) 丝锥刀齿上粘有积屑瘤 (8) 没有选用合适的切削液 (9) 丝锥切削部分全部切入后仍施加轴向压力	(1) 检查底孔直径，把底孔扩大后再攻丝 (2) 绞杠掌握要正，丝锥不能左右摇摆 (3) 交替使用头锥、二锥和三锥时，应先用手将丝锥旋入，再用铰杠攻制 (4) 丝锥每旋进 1～2 圈时，要倒转 1/2 圈，使切屑折断后排出 (5) 攻不通孔螺纹时，要在丝锥上做出深度标记 (6) 能用手直接旋动丝锥时应停止使用铰杠 (7) 用油石进行修磨 (8) 重新选用合适的切削液 (9) 丝锥切削部分全部切入后要停止施加轴向压力
3	螺纹歪斜	(1) 手攻时，丝锥位置不正确 (2) 机攻时，丝锥与螺纹底孔不同轴	(1) 用角尺等工具检查，并校正 (2) 钻底孔后不改变工件位置，直接攻制螺纹
4	螺纹表面粗糙	(1) 丝锥前、后粗糙度过大 (2) 丝锥前、后角太小 (3) 丝锥磨钝 (4) 丝锥刀齿上粘有积屑瘤 (5) 没有选用合适的切削液 (6) 切屑拉伤螺纹表面	(1) 修磨丝锥 (2) 修磨丝锥 (3) 修磨丝锥 (4) 用油石进行修磨 (5) 选用合适的切削液 (6) 经常倒转丝锥，折断切屑

基 本 技 能

一、任务引入

在一根直径为 9.8 mm、长度为 30 mm 的 45 钢的圆棒料上，套螺纹达到如图 7-5 所示的要求。

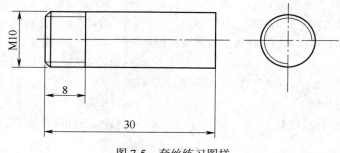

图 7-5 套丝练习图样

二、任务实施

1. 做好准备工作。

(1) 确定圆杆直径。

圆杆直径应稍小于螺纹的公称尺寸，圆杆直径可查表或按经验公式计算。

经验公式：

$$D_{杆}(圆杆直径) = D(螺纹外径) - 0.13P(螺距)$$

(2) 在虎钳上装夹好工件。

工件装夹时，一般用 V 形块或厚铜衬垫将工件夹紧，并使圆杆轴线垂直于钳口，防止螺纹套歪，如图 7-6 所示。

(3) 选好圆板牙，并安装好。

(4) 选择切削用量。

切削用量是切削加工过程中切削速度、进给量和背吃刀

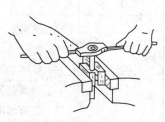

图 7-6 套丝工件的装夹

量的总称，可查有关手册确定。

(5) 选择并添加切削液。

在钢制圆杆上套丝时要加机油、浓的乳化液润滑，要求高时可用菜油或二硫化钼作切削液。

2．套丝。

(1) 开始套丝。

开始套螺纹时，一手用手掌按住铰杠中部，沿圆杆的轴向方向施加压力，另一只手配合按要求方向切进，动作要慢，压力要大，如图 7-7 所示。

(2) 检查垂直度。

在板牙套出 1～2 牙时，要及时检查圆板牙端面与圆杆轴线的垂直度，并及时纠正，如图 7-8 所示。

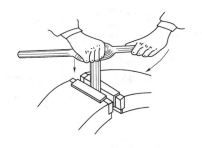

图 7-7　开始套丝

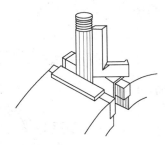

图 7-8　检查垂直度

(3) 正常套丝。

套出 3～4 牙后，可只转动而不加压，让板牙依靠螺纹自然引进，以免损坏螺纹和板牙，如图 7-9 所示。

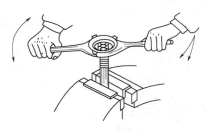

图 7-9　正常套丝

(4) 排屑。

在套螺纹过程中也应经常反转 1/4～1/2 圈，以便断屑。

3．清理现场。套丝钻削结束后，应去毛刺，并将工量具收好，做好现场的清洁工作。

基 本 知 识

1. 常用的套丝工具见表 7-4。

表 7-4　常用的套丝工具

序号	名称	图　示	说　明
1	圆板牙		(1) 用于加工外螺纹 (2) 其外形像一个圆螺母，外圆上有四个锥坑和一条 U 形槽，四个锥坑用于定位和紧固板牙。内孔上面钻有 3～4 个排屑孔合并形成刀刃
2	圆板牙架		(1) 用于夹持板牙、传递扭矩 (2) 不同外径的板牙应选用不同的板牙架
3	活络管子板牙		四块为一组，镶嵌在可调的管子板牙架内，用于套管子外螺纹
4	管子板牙架		用于夹持活络管子板牙，传递扭矩

2. 套丝时常见问题和防止方法见表7-5。

表7-5 套丝时常见问题和防止方法

序号	常见问题	产 生 原 因	防 止 方 法
1	螺纹歪斜	(1) 圆杆端部的倒角不符合要求 (2) 两手用力不均匀	(1) 使倒角长度应大于一个螺距，斜角为15°～20° (2) 两手用力要均匀
2	螺纹乱牙	(1) 圆杆直径过大 (2) 套丝时，圆板牙一直不倒转，切屑堵塞而啃坏螺纹 (3) 对低碳钢等塑性好的材料套丝时，未加切削液，圆板牙把工件上的螺纹粘去了一块	(1) 圆杆直径要符合要求 (2) 圆板牙要倒转，以折断切屑 (3) 对低碳钢等塑性好的材料套丝时，一定要加切削液
3	螺纹形状不完整	(1) 圆杆直径太小 (2) 调节圆板牙时，直径太大	(1) 更换圆杆 (2) 调节圆板牙，使其直径合适
4	螺纹表面粗糙	(1) 切削液未加注或选用不当 (2) 刀刃上粘有积屑瘤	(1) 应选用合适的切削液，并经常加注 (2) 去除积屑，使刀刃锋利

项目评价

一、思考题

1. 简述常用的攻丝工具的作用。
2. 简述常用的套丝工具的作用。
3. 简述攻丝时常见问题和防止方法。
4. 简述套丝时常见问题和防止方法。

二、技能训练

1. 练习攻丝。
2. 练习套丝。

三、技能训练中应注意的事项

(一) 攻丝训练注意事项

1. 工件装夹时，要使孔的中心垂直于钳口。底孔要钻正确，防止过大或过小。

2. 攻丝时，要保证丝锥与孔端面垂直，如果发现不垂直，应立即校正。

3. 攻丝时，要注意排屑、润滑和冷却。

(二) 套丝训练注意事项

1. 正确夹持工件，不能损坏工件表面。圆杆的直径一定要准确。

2. 只能用圆板牙铰杠扳动圆板牙。套螺纹时，要注意排屑、润滑和冷却。

四、项目评价评分表

序号	考核内容		考核要求	配分	评分标准	检测结果	得分
1	实训态度		(1) 不迟到，不早退 (2) 实训态度应端正	10	(1) 迟到一次扣1分 (2) 旷课一次扣5分 (3) 实训态度不端正扣5分		
2	安全文明生产		(1) 正确执行安全技术操作规程 (2) 工作场地应保持整洁 (3) 工件、工具摆放应保持整齐	6	(1) 造成重大事故，按0分处理 (2) 其余违规，每违反一项扣2分		
3	设备、工具、量具的使用		各种设备、工具、量具的使用应符合有关规定	4	(1) 造成重大事故，按0分处理 (2) 其余违规，每违反一项扣1分		
4	操作方法和步骤		操作方法和步骤必须符合要求	30	每违反一项扣1至5分		
5	技术要求	攻丝技术要求	M10牙型完整	10	超差不得分		
			垂直度0.1	10	超差不得分		
			粗糙度12.5	10	超差不得分		
		套丝技术要求	M10牙型完整	10	超差不得分		
			8长度正确	10	超差不得分		
6	工时		4学时		每超时5分钟扣2分		
7	合 计						

项目八

综合训练

项目情境

通过综合练习，同学们能更好地掌握划线、锯削、锉削、钻孔等钳工基本功。

项目学习目标

	学 习 目 标	学 习 方 式	学　时
技能目标	① 掌握制作錾口锤头的方法 ② 掌握锉配内、外六角形体的方法	教师讲解演示 学生实际操作 教师现场指导	
知识目标	① 了解制作錾口锤头的步骤 ② 了解锉配内、外六角形体的步骤 ③ 弄清攻丝和套丝时常见问题及防止方法	教师讲授理论 现场演示操作	60课时
情感目标	激发学生学习的兴趣，培养团队协作意识，使学生养成守时、守纪的好习惯，培养学生善于思考、严谨求实、务实创新的精神	在情境中激发 培养学生兴趣	

项目任务分析

本项目通过 2 个任务来实际训练制作錾口锤头和锉配内、外六角形体的方法。

本项目通过教师在现场边讲解边演示制作錾口锤头和锉配内、外六角形体的方法，同时学生实际操作来达到实训目的。

基 本 技 能

一、任务引入

将材质为 45 号钢，尺寸为 116 mm × 24 mm × 24 mm 的长方体，通过钳工加工，达到如图 8-1 所示要求。

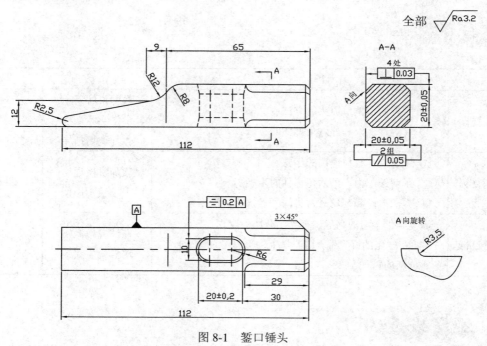

图 8-1 錾口锤头

二、任务实施

1．检查来料尺寸。

2．锉削长四方体。

锉削长四方体时，其加工步骤和方法可参照项目五锉削工件中锉削长方体各面的顺序进行。锉削达到尺寸(20 ± 0.05) mm $\times (20 \pm 0.05)$ mm、平行度 0.05 mm、垂直度 0.03 mm、表面粗糙度 $R_a \leqslant 3.2$ μm 的要求。

3．锉削一端面。以长面为基准锉削面，锉削一端面达到基本垂直，表面粗糙度 $R_a \leqslant$ 3.2 μm 的要求。

4．划圆弧加工线。以长面及端面为基准，按图 8-1 要求，划出 $R12$ mm、$R8$ mm、$R2.5$ mm 圆弧的加工线。

5．钻 $\phi 6$ 孔及斜面锯削。

在 $R12$ mm 的圆弧钻 $\phi 6$ 孔，并用手锯按线锯去斜面多余的材料。

6．粗锉、细锉圆弧面和斜面。

用半圆锉按线粗锉 $R12$ mm 的圆弧面，用平锉粗锉斜面和 $R8$ mm 圆弧面至划线线条后，再用细平锉细锉斜面，用细半圆锉细锉 $R12$ mm 和 $R8$ mm 的圆弧面。最后用细平锉和半圆锉修整，达到各形面连接圆滑、光洁、纹理齐整。

7．划腰形孔加工线及钻。按图 8-1 划出腰形孔尺寸为 20 mm × 10 mm 的加工线和钻孔检查线，并用 $\phi 9.7$ mm 钻头钻孔。

8．锉腰形孔。用圆锉将 $\phi 9.7$ mm 的两个孔锉通，然后用方锉和圆锉按加工线锉腰形孔，达到尺寸(20 ± 0.1)mm 及对称度 0.20 mm 的要求。

9．划倒角加工线并锉削。

按图 8-1 尺寸划出 $3 \times 45°$ 倒角加工线后，先用圆锉粗锉出 $R3.5$ mm 圆弧，然后分别用粗、细平锉粗、细锉倒角，再用圆锉细锉 $R3.5$ mm 圆弧，最后用推锉法进行修整，达到粗糙度要求。

10．锉削 $R2.5$ mm 圆头。

锉削 $R2.5$ mm 圆头，并保证工件总长 112 mm。

11．锉尾部圆弧面。

在尾部端面上划出 20 mm × 20 mm 尺寸的两条中心线，定出圆心，划出 $\phi 6$ mm 圆和 2 mm 深度加工线，并用锉刀倒出圆弧面。

12．倒喇叭口及用砂布打光。将腰形孔各面倒出 1 mm 弧形喇叭口，并用砂布将各加工面打光，达到表面粗糙度 $R_a \leqslant 3.2$ μm 的要求，然后交件待检。

13．热处理。待工件检验合格后，将工件头部、尾部进行热处理淬硬。

14. 清理现场。加工结束后，将工量具收好，做好现场的清洁工作。

基 本 技 能

一、任务引入

锉配是通过锉削加工，将两个或两个以上的零件配合在一起，并使其配合的松紧程度符合要求的一种锉削加工方法。

锉配时，一般先将相配的两个零件中的一件锉得符合图样要求，再根据已锉好的加工件来锉配另一件。由于外表面比内表面容易加工，所以一般先锉好凸件的外表面，然后锉配凹件的内表面。在锉配凹件时，必须用量具测出凸件的尺寸，再用量具控制凹件的尺寸精度，以实现尺寸的转换。

锉配可分为面的锉配(如各种样板的锉配)和形体的锉配(如四方体和六角体的锉配)。下面以六角形体的锉配为例，来介绍锉配的步骤和方法。

锉配内、外六角形体，达到如图 8-2 所示的要求。

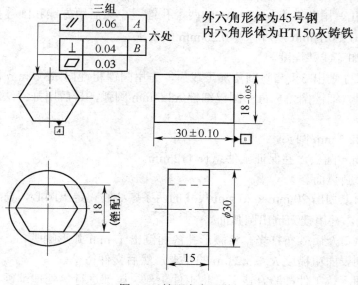

图 8-2　锉配六角形体

二、任务实施

1. 锉削外六角形体。

(1) 用游标卡尺测量料的实际直径。

(2) 划线。

① 将工件放在 V 形块上，调整中心位置，划出中心线，如图 8-3(a)所示。

② 划出两对边线，如图 8-3(b)所示。

③ 划出各交点，打好样冲眼，如图 8-3(c)所示。

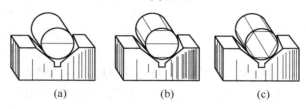

(a)   (b)   (c)

图 8-3　划线

(3) 锉第一面。

粗、精锉第一面，要求平面度误差在 0.03 mm 以内，与圆柱轴心线的距离为 $9_{-0.025}^{0}$ mm，B 面的垂直度误差在 0.04 mm 以内，如图 8-4 所示。

(4) 锉第一面的相对面。

以第一面为基准，划出与第一面相距 $18_{-0.05}^{0}$ mm 的平面加工线，再粗、精锉第一面的相对面，要求平面度误差在 0.03 mm 以内，与第一面的距离为 $18_{-0.05}^{0}$ mm，两平行度误差在 0.06 mm 以内，如图 8-5 所示。

$\phi 21_{-0.15}^{-0.10}$

图 8-4　锉第一面图

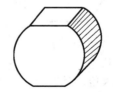

图 8-5　锉第一面的相对面

(5) 锉第三面。

粗、精锉第三面，要求平面度误差在 0.03 mm 以内，与圆柱轴心线的距离为 $9_{-0.025}^{0}$ mm，垂直度误差在 0.04 mm 以内，与第一面的夹角为 120°，如图 8-6 所示。

(6) 锉第三面的相对面。

以第三面为基准，划出与第三面相距 $18_{-0.05}^{0}$ mm 的平面加工线，粗、精锉第三面的相对面，要求平面度误差在 0.03 mm 以内，与第三面的距离为 $18_{-0.05}^{0}$ mm，两平行度误差在

0.06 mm 以内，与第二面的夹角为 120°，如图 8-7 所示。

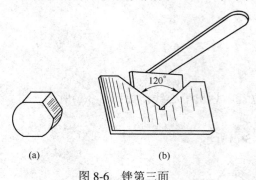

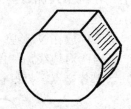

图 8-6　锉第三面　　　　　　　　　　　　　　图 8-7　锉第三面的相对面

(7) 锉第五面。

粗、精锉第五面，要求平面度误差在 0.03 mm 以内，与圆柱轴心线的距离为 $9^{0}_{-0.025}$ mm，B 面的垂直度误差在 0.04 mm 以内，与第一、二面的夹角均为 120°，如图 8-8 所示。

(8) 锉第六面。

以第五面为基准，粗、精锉其相对面，要求平面度误差在 0.03 mm 以内，与第一面的距离为 $18^{0}_{-0.05}$ mm，两平行度误差在 0.06 mm 以内，与第一、四面的夹角均为 120°，如图 8-9 所示。

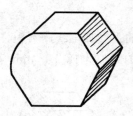

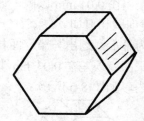

图 8-8　锉第五面　　　　　　　　　　　　　图 8-9　锉第六面

(9) 精度复检。

2. 锉削内六角形体。

(1) 用游标卡尺测量料的实际直径。

(2) 划线。

① 将工件放在 V 形块上，调整中心位置，划出中心线，如图 8-10(a)所示。

② 划出两对边线，如图 8-10(b)所示。

③ 划出各交点，打好样冲，注意正反两面都要打，如图 8-10(c)所示。

(3) 钻中心孔。

选 ϕ16 mm 钻头，钻中心孔。

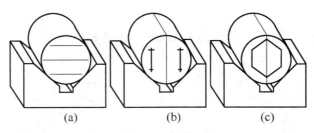

图 8-10　划线

(4) 锉面 1。

粗锉内六角形体各面，至接近划线线条，使每边留有 0.1～0.2 mm 细锉余量。先锉面 1，要求平直与大平面垂直，如图 8-11 所示。

(5) 锉面 4。

锉面 4，要求与面 1 平行，尺寸为 17.8 mm，如图 8-12 所示。

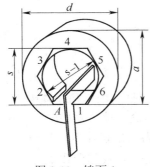

图 8-11　锉面 1

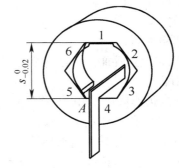

图 8-12　锉面 4

(6) 锉面 2。

锉面 2，要求与面 1 的夹角均为 120°，如图 8-13 所示。

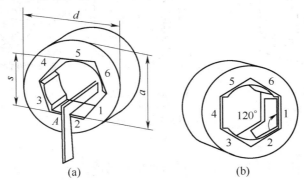

图 8-13　锉面 2

(7) 锉面 5。

锉面 5，要求与面 2 平行，尺寸为 17.8 mm，如图 8-14 所示。

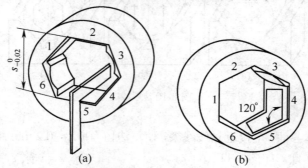

图 8-14　锉面 5

(8) 锉面 3、面 6。

方法同上。

(9) 细锉各面。

用细锉刀锉削各面，方法与粗锉时的相同。

3. 试配。

内、外六角形体加工好后，使外六角形体能整体较紧地插入内六角形体中，如图 8-15(a) 所示。再将外六角形体抽出，修锉内、外六角形体贴合较紧的地方，如图 8-15(b) 所示。进一步试配和修锉，使外六角形体能整体无明显阻力插入内六角形体中，且透光均匀，如图 8-15(c) 所示。最后作转位试配，按涂色显示进行修磨，达到互换配合要求。

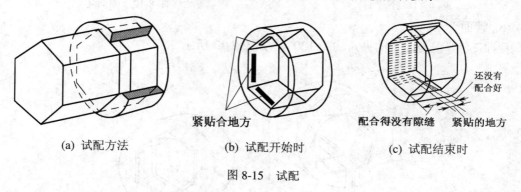

(a) 试配方法　　　　　(b) 试配开始时　　　　　(c) 试配结束时

图 8-15　试配

4. 清理现场。

将各棱边均匀倒棱、打号，并用塞尺检查配合精度，并将工量具收好，做好现场的清洁工作。

一、 思考题

1. 简述制作錾口锤头的方法和步骤。
2. 简述锉配内、外六角形体的方法和步骤。

二、 技能训练

1. 练习錾口锤头的制作方法。
2. 练习内、外六角形体的锉配方法。

三、 技能训练中应注意的事项

(一) 制作錾口锤头的注意事项

1. 钻孔时，要求位置正确，孔径没有明显扩大，以免加工余量不足，影响腰孔的正确加工。

2. 锉削腰孔时，应先锉两端面，后锉圆弧面。锉侧面时，要控制好锉刀的横向移动，防止锉坏两孔面。

3. 加工四角 $R_a 3.5$ mm 内圆时，横向锉要锉准、锉光，然后光整就容易，且圆弧夹角处也不易坍角。

4. 在加工 $R_a 12$ mm 与 $R_a 8$ mm 内外圆弧面时，横向必须平直，才能使弧形面连接正确，外形美观。

(二) 锉配内、外六角形体的注意事项

1. 划线要准确。
2. 基准件的误差应尽量小些。
3. 锉配时一定要做好标号。

四、 项目评价评分表

1. 制作錾口锤头评价评分表。

序号	考核内容	考核要求	配分	评分标准	检测结果	得分
1	实训态度	(1) 不迟到，不早退 (2) 实训态度应端正	10	(1) 迟到一次扣 1 分 (2) 旷一次扣 5 分 (3) 实训态度不端正扣 5 分		
2	安全文明生产	(1) 正确执行安全技术操作规程 (2) 工作场地应保持整洁 (3) 工件、工具摆放应保持整齐	6	(1) 造成重大事故，按 0 分处理 (2) 其余违规，每违反一项扣 2 分		
3	设备、工具、量具的使用	各种设备、工具、量具的使用应符合有关规定	4	(1) 造成重大事故，按 0 分处理 (2) 其余违规，每违反一项扣 1 分		
4	操作方法和步骤	操作方法和步骤必须符合要求	30	每违反一项扣 1 至 5 分		
5	技术要求	20 ± 0.05 mm(2 处)	10	超差不得分		
		腰形孔长度 20 ± 0.2 mm	5	超差不得分		
		舌部斜面平直度 0.03 mm	5	超差不得分		
		腰形孔对称度 0.2 mm	5	超差不得分		
		20 mm × 20 mm 平行度 ±0.05 mm (2 处)	10	超差不得分		
		倒角均匀、各棱线清晰	5	超差不得分		
		各圆弧面连接光滑	5	超差不得分		
		$R_a \leqslant 3.2\ \mu m$	5	超差不得分		
6	工时	30 学时		每超时 5 分钟扣 2 分		
7	合　计					

2. 锉配内、外六角形体评价评分表。

序号	考核内容	考核要求	配分	评分标准	检测结果	得分
1	实训态度	(1) 不迟到，不早退 (2) 实训态度应端正	10	(1) 迟到一次扣1分 (2) 旷课一次扣5分 (3) 实训态度不端正扣5分		
2	安全文明生产	(1) 正确执行安全技术操作规程 (2) 工作场地应保持整洁 (3) 工件、工具摆放应保持整齐	6	(1) 造成重大事故，按0分处理 (2) 其余违规，每违反一项扣2分		
3	设备、工具、量具的使用	各种设备、工具、量具的使用应符合有关规定	4	(1) 造成重大事故，按0分处理 (2) 其余违规，每违反一项扣1分		
4	操作方法和步骤	操作方法和步骤必须符合要求	30	每违反一项扣1至5分		
5	技术要求	平行度≤0.06 μm(三组)	3	超差不得分		
		垂直度≤0.04 μm(六处)	6	超差不得分		
		平面度≤0.03 μm(六处)	6	超差不得分		
		$18_{-0.05}^{0}$ mm(三组)	3	超差不得分		
		30±0.10 mm	11	超差不得分		
		120° (六处)	6	超差不得分		
		17.8 mm(三组)	3	超差不得分		
		配合间隙≤0.08 mm	12	超差不得分		
6	工时	30学时		每超时5 min扣2分		
7	合　计					

参 考 文 献

[1] 王德洪. 钳工技能实训[M]. 北京：人民邮电出版社，2006.

[2] 王德洪. 钳工技能实训[M]. 2 版. 北京：人民邮电出版社，2010.

[3] 董永华，冯忠伟. 钳工技能实训. [M]. 2 版. 北京：北京理工大学出版社，2009.

[4] 吴开禾. 钳工[M]. 福州：福建科学技术出版社，2005.

[5] 岳忠君，芦玉昕. 钳工技能图解[M]. 北京：机械工业出版社，2004.

[6] 陈宏钧. 钳工操作技能手册[M]. 北京：机械工业出版社，2004.

[7] 李伟杰. 装配钳工[M]. 北京：中国劳动社会保障出版社，2004.

[8] 孙庆群. 机械工程综合实训[M]. 北京：机械工业出版社，2005.

[9] 机械工业职业研究中心. 钳工技能实战训练:提高版[M]. 北京:机械工业出版社,2004.

[10] 机械工业职业研究中心. 钳工技能实战训练：入门版[M]. 北京：机械工业出版社，2004.

[11] 机械工业职业技能指导中心. 中级钳工技术[M]. 北京：机械工业出版社，2004.

[12] 机械工业职业技能指导中心. 初级钳工技术[M]. 北京：机械工业出版社，2004.

[13] 张华. 模具钳工工艺与技能训练[M]. 北京：机械工业出版社，2005.

[14] 康力，张琳琳. 金工实训[M]. 上海：同济大学出版社，2009.

[15] 张玉中，孙刚，曹明. 钳工实训[M]. 北京：清华大学出版社，2010.

[16] 朱江峰，姜英. 钳工技能训练[M]. 北京：北京理工大学出版社，2010.